新时代铁人精神丛书
新时代铁人精神之光

中原油田铁人式劳模
与先进集体风采录

周洪成　周江平　霍良振

曲晓论　杨荣才　耿庆昌　任远建

编著

中国石化出版社
中国经济出版社

图书在版编目（CIP）数据

中原油田铁人式劳模与先进集体风采录 / 周洪成等编著 . -- 北京：中国石化出版社，2024. 7. -- ISBN 978-7-5114-7622-7（2024.11 重印）

Ⅰ. K828.1

中国国家版本馆 CIP 数据核字第 202483972J 号

中国石化出版社出版发行

地址：北京市东城区安定门外大街 58 号
邮编：100011　电话：(010)57512446
发行部电话：(010)57512575
http://www.sinopec-press.com
E-mail: press@sinopec.com
北京捷迅佳彩印刷有限公司印刷
全国各地新华书店经销
*
880 毫米 × 1230 毫米 32 开本 10.25 印张 173 千字
2024 年 7 月第 1 版　2024 年 11 月第 2 次印刷
定价：96.00 元

谨以此作献给铁人王进喜与他的传人，
献给勇扛旗帜、踔厉奋发的新时代百万石油铁军！

欣闻《中原油田铁人式劳模与先进集体风采录》一书即将正式出版发行，可喜可贺！

"铁人"来自大庆油田。他是石油的，也是民族的；他是中国的，也是世界的；他是历史的，也是时代的。时代铸就"铁人精神"，其内涵："为国分忧，为民族争气"的爱国主义精神；"宁肯少活二十年，拼命也要拿下大油田"的忘我拼搏精神；"有条件要上，没有条件创造条件也要上"的艰苦奋斗精神；"干工作要经得起子孙万代检查""为革命练一身硬功夫、真本事"的科学求实精神；"甘愿为党和人民当一辈子老黄牛"，埋头苦干的奉献精神。先后涌现出以铁人王进喜、新时期铁人王启民、大庆新铁人李新民为代表的一大批英雄模范和一大批先进集体。这些先进典型是"石油精神"的人格化表现，彰显了时代精神，传播了社会文明，凝聚了进取力量，推动了石油工业持续高质量发展。

20 世纪 60 年代，铁人王进喜说："宁肯少活二十年，拼命也要拿下大油田。"铁人王进喜终其一生，都在想着石油，想着油田发展。他说："我这一辈子，就是要为国家办好一件事情：快快发展我国的石油工业。"他还说："一个队打得再好也拿不下大油田，只有所有队都上去了，才能高速度、高水平开发大油田。"他始终认为："社会主义是干出来的，大庆油田是干出来的，不干，半点马列主义也没有。"

20世纪90年代，新时期铁人王启民说："宁肯把心血熬干，也要让油田稳产再高产。"有人曾就生活中的种种缺憾问王启民："你不遗憾吗？"王启民回答："人有主要方面，如果丢掉了主要方面，对人生来说才是最大遗憾。而我的主要方面就是'工作'。人的精力只有那么多，抓住了工作这个大头儿，家里的事情就只能是小头儿。如果我现场少去一点儿，家里多顾一点儿，就啥事都干不成了。"

进入21世纪，大庆新铁人李新民说："宁肯历尽千难万险，也要为祖国献石油。"他说："我这一辈子有三个庆幸：一是庆幸自己成为石油工人，二是庆幸成为1205钻井队人，三是庆幸能一辈子跟铁人老队长干一样的事。"他还说："这一辈子，能明白为啥打井、怎么打好井，就没白过。""一米一米地把井打下去，一吨一吨地把（原）

油开采出来，实实在在地干好工作，让老百姓不为缺油发愁，让国家不为缺油犯难。"

大庆精神、铁人精神是凝聚百万石油人的强大精神动力，是中国工人阶级崇高品质和精神风貌的集中展现，是激励中国人民不畏艰难、勇往直前的宝贵精神财富。2019年9月26日，习近平总书记在致信祝贺大庆油田发现60周年时指出："大庆油田的卓越贡献已经镌刻在伟大祖国的历史丰碑上，大庆精神、铁人精神已经成为中华民族伟大精神的重要组成部分。"

习近平总书记在庆祝中华人民共和国成立70周年大会上指出："一切伟大成就都是接续奋斗的结果，一切伟大事业都需要在继往开来中推进。新时代必将是大有可为的时代。""全党全国各族人民要像英雄模范那样坚守、像英雄模范那样奋斗，共同谱写新时代人民共和国的壮丽凯歌！"大庆油田1205钻井队深入学习贯彻党的二十大精神，矢志不渝，正如队长张晶所述："我们要把党的话记在心里，把红旗一直扛下去，打好铁心向党的忠诚井、永远向前的先锋井、科学过硬的严实井，坚决端牢能源饭碗，做党和国家最可信赖的骨干力量。"在保障国家能源安全、保障经济社会发展上再立新功、再创佳绩，让大庆精神、铁人精神绽放出新的时代光芒。

在伟大的新时代，英雄的石油铁军踔厉奋发、勇毅前行，必将在推进中国式现代化征程上书写无愧于历史和新时代的答卷。

是为序。

中华全国总工会副主席

　　《中原油田铁人式劳模与先进集体风采录》即将正式出版发行，这部新著真实展现了铁人王进喜一代代传人发扬"有第一就争，见红旗就扛"的顽强工作作风，高唱"我为祖国献石油"的主旋律，战天斗地、不畏艰险的铁军风采，使铁人精神绽放出新的时代光芒。这部新著的问世，意义重大，可喜可贺。

　　鲁迅先生有这样一句名言："我们从古以来，就有埋头苦干的人，有拼命硬干的人，有为民请命的人，有舍身求法的人……这就是中国的脊梁。"而铁人王进喜，正是鲁迅先生所称赞的"中国的脊梁"。王进喜，1923 年 10 月 8 日出生于甘肃玉门。1950 年春，王进喜成为新中国第一代石油钻井工人，先后任司钻、队长等职。1956 年 4 月，王进喜加入中国共产党。1958 年 9 月，王进喜带领钻井队创造了当时月钻井进尺的全国最高纪录，荣获"钢铁钻井队"称号。1959 年 9 月，王进喜被评为全国劳动模范，并于当年 10 月光荣出席了全国工交群英会。1960 年 3 月，王进喜率队从玉门到大庆参加石油大会战，组织全队用"人拉肩扛"的方法搬运和安装钻机，用"破冰取水"的方法运水保开钻，不顾腿伤跳进泥浆池，用身体搅拌泥浆压井喷，被誉为"铁人"。1964年12月，铁人王进喜出席第三届全国人民代表大会。1969年4月，铁人王进喜出席党的九大并被选为中央委员，受到毛泽东主席和周恩来总理的亲切接见。1970年11月15日，王进喜积劳成疾，经医治无效逝世，年仅47岁。铁人王进喜是中国石油工人的光辉典范，中国工人阶级的先锋战士，中国共产党人的优秀楷模，中华民族的英雄。他为中国石油工业的发展和社会主义建设立下了不朽功勋，在创造了巨大物质财富的同时，还为我们留下了宝贵的精神财富——铁人精神，铁人精神是以"爱国、创业、求实、奉献"为主要内涵的大庆精神的典型化体现和人格化浓缩，是中华民族伟大精神的重要组成部分，得到历届中央领导的充分肯定，深受社会各界的广泛承认和高度评价。习近平总书记指出："大庆精神、铁人精神已经成为中华民族伟大精神的重要组成部分。"

在铁人王进喜身后，一代代铁人的传人大力弘扬大庆精神、铁人精神，继续扛起红旗，在新时代的征程上再立新功、再创佳绩。王启民、李新民、张晶……牢记嘱托，不忘初心，肩负起当好标杆旗帜、建设百年油田的重大责任。钢铁 1205 钻井队全体职工认真学习贯彻党的二十大精神，发出豪迈誓言："我们要把党的话记在心里，把红旗一直扛下去，打好铁心向党的忠诚井、永远向前的先锋井、科学过硬的严实井，坚决端牢能源饭碗，做党和国家最可信赖的骨干力量。"铁人精神是一面旗帜，凝聚着工人阶级的火热情感；铁人精神是一种力量，凸显了坚韧不拔、艰苦创业的雄心壮志；铁人精神是一种标志，凝结成一个民族不畏艰难的英雄气概。愿铁人精神世代相传、内化于心、外化于行，激励人们苦干实干、"三老四严"，为实现"两个一百年奋斗目标、中华民族伟大复兴的中国梦"作出新的更大的贡献。

是为序。

第十四届全国政协委员
中国能源化学地质工会主席

目录

C o n t e n t s

1

2019 年，习近平总书记在致大庆油田发现 60 周年贺信中指出："大庆精神、铁人精神已经成为中华民族伟大精神的重要组成部分。"2021 年，在建党百年之际，大庆精神、铁人精神被纳入第一批中国共产党人精神谱系。

铁人，是新中国成立后，工人阶级最鲜明的文化符号和精神财富。铁人精神产生于特定的时代，经过半个多世纪的时光淬炼，永立于时代的巅峰。以"爱国"为魂、以"创业"为根、以"求实"为要、以"奉献"为本，照亮石油人的奋进之路。

爱国：他们弘扬为国争光、为民族争气的爱国主义精神，发挥"顶梁柱"顶得住的关键作用，坚决端稳端牢能源饭碗，切实把爱国体现到增强能源保障能力上。

创业：他们弘扬独立自主、自力更生的艰苦创业精神，锚定建设世界一流能源化工企业的目标，以迈步新时代、创业正当时的稳健步伐，切实把创业体现到提升发展质量上。

求实：他们弘扬讲求科学、"三老四严"的求实精神，以"咬定青山不放松"的韧劲，争当破解难题的"行家里手"，切实把求实体现到提高创新水平上。

奉献：他们弘扬胸怀全局、为国分忧的奉献精神，把对国家的热爱、对人民的赤诚落在实处，关键时刻站得出来、危难关头豁得出去，切实把奉献体现到履行社会责任上。

岁月更迭，但铁人光辉历久弥新。新时代的石油人不忘初心、牢记使命，踏着铁人的脚步走，让"石油工人一声吼、地球也要抖三抖"的壮志豪情在新时代熠熠生辉，在新的赶考路上向党和人民交出更加优异的答卷，为中国式现代化建设作出新的更大贡献！

薪火相传中，中原油田始终与铁人同在。中原石油人保持铁人队伍永向前的奋进姿态，赓续铁人光荣传统，把个人成就与石油事业、国家发展紧密相连，为石油精神和大庆精神、铁人精神注入时代价值，奋力拼搏，持久努力，谱写了一曲传承弘扬铁人精神的壮歌，创造了我为祖国献石油的感天动地伟业，并在新时代新征程上再立新功、再创佳绩。

Chapter **01**

第一章
用铁人精神建设
发展中原油田

中原油田 1975 年发现，1979 年投入开发。1982 年 3 月，成立中原石油勘探局。2000 年 1 月，重组为上市（中原油田分公司）和非上市（中原石油勘探局）两部分。1997—2000 年，累计完成 74 个单位（1316 人）的早期改制。2003—2008 年，先后对机械制造总厂、特种车辆修造总厂、油田总医院等 7 个单位（4179 人）进行规范改制。2005 年 8 月，油田中小学（5442 人）和公安局（482 人）移交地方政府。2011 年，中原油田年产油气当量实现突破 1000 万吨，跨入千万吨级油气田行列。当时中原油田共有职工家属 24 万人，在岗员工 8.6 万人，资产总额 680 亿元。2012 年 12 月，进行石油工程专业化重组，相关专业化单位（30608 人）整合到石油工程板块。2017 年 11 月，中原石油勘探局进行公司制改制，更名为中原石油勘探局有限公司。2021 年以来，中原油田谨记习近平总书记"把能源的饭碗牢牢端在自己手里"的殷殷嘱托，坚决扛稳"我为祖国献石油"的使命担当，以石油精神、铁人精神武装全体员工，大力打造铁军队伍，全力推进增储增产增效，普光探区陆相勘探获得历史性突破，仅 2021 年就荣获集团公司油气勘探突破二等奖 1 项、规模储量商业发现二等奖 2 项，油气生产任务全面完成，华北地区最大地下储气调峰中心建成投产，在保障国家能源安全中贡献了中原力量。他们始终坚持创新驱动发展，深化科技体制改革，持续深化厂院结合，集中资源开展科技攻关，获省部级以上科技进步奖8项，涉外专利实现近十年来零的突破，氢能、太阳能等新领域快速布局，兆瓦级PEM绿氢制取示范工程成功立项集团公司重大科技攻关项目，进一步提升了科技对高质量发展的支撑能力。他们全面贯彻国企改革三年行动计划和对标世界一流管理提升行动，稳步推进油公司建设、市场优化、管理创新，采油管理区"一室一中心"建设全面完成，组织管理效能大幅提升，两家单位获得集团公司标杆基层单位荣誉称号，2021年外部创收同比增长15.7%，实现"十三五"以来首次扭亏为盈，油田发展质量效益迈上了新台阶。他们深入实施人才强企战略，树立鲜明"四为"用人导向，分层分类开展干部人才能力素质培训，专家队伍实施全体起立、竞争上岗、择优选聘，把素质测评作为基层级干部选拔前置程序，强化人才队伍梯队建设，造就了铁人式的劳模、工匠人物何强、王中华、田纪民、邵均克、卢建强、王红宾、杨相杰，李娜、李庆洋夫妇等科技新星不断涌现，并充分发挥专家论坛、中原学院作用，引领改革发展的中坚骨干更加过硬。他们紧盯"站排头、争第一"的目标追求，融入中心、服务大局、推动发展，坚持以党的政治建设为统领，统筹推进党的建设各项工作，深入实施党建工作与生产经营"四同四提"融合互促机制，真正将政治优势转化为发展优势，以高质量党建引领保障高质量发展，为打造千万吨级一流油气公司提供了坚强保证。2022年，外部市场规模增速保持在15%，经营业绩创"十三五"以来最好水平。

二 峥嵘岁月

　　1949 年，中华人民共和国成立，揭开了中国石油工业新的历史篇章。孙健初、李四光、王进喜等老一代石油人，为国分忧、呕心沥血。孙健初是中国石油地质奠基人之一，河南濮阳人，他率队到玉门老君庙寻找石油。中国人民解放军 19 军 57 师官兵放下钢枪、穿上工装、助力石油，新中国的石油工业在西部毅然起步。早在 20 世纪 50 年代中期，石油、地质部门就开始了对濮阳及其周围区域的探测工作，运用重力、磁力、电法等地球物理方法进行地质普查，用了十几年时间，初步查明了区域地质构造的特点。此后，胜利油田、石油物探局、河南油田等又先后在这里进行了地震勘察和钻探工作。1975 年 9 月 7 日，位于濮阳县文留乡境内的濮参 1 井在钻探过程中喷出工业油流，从此拉开了中原油田勘探开发会战的序幕。濮参 1 井喷油（图1-1）是中国东部地区石油勘探的又一重大突破。石油工业部立即决定从胜利油田、河南油田、石油物探局等单位调集力量，于1975年10月成立了东濮石油勘探会战指挥部，隶属胜利油田，1978年10月更名为东濮石油会战指挥部。经过三年多的勘探，探明了可观的石油地质储量，为油田大规模开发准备了条件。1979年7月1日，

图1-1　濮参1井喷油

中原油区的第一个油田——文中油田投入生产，当年生产原油 23 万吨。1981 年 8 月，东濮石油会战指挥部改变隶属关系，成为受石油部和河南省双重领导的独立石油企业，1982 年 3 月改称中原石油勘探局。

随着 1956 年中国石油工业战略东移，相继发现了大庆油田、吉林油田、辽河油田、胜利油田、大港油田、江汉油田、河南油田、江苏油田，年产量由新中国成立初期的 12.5 万吨上升到 1978 年的 1 亿吨，实现了自给自足。

二／逐鹿中原

中原油田的发现经历了漫长而又艰苦的探索。根据李四光"陆相生油"理论，从 1955 年到 1975 年的 20 年间，老一辈石油人十进中原，于 1975 年 9 月 7 日，由河南油田 3282 钻井队承钻的濮参 1 井喜喷油流。

消息传到北京，时任石油部部长康世恩同志十分高兴，自掏腰包买了两瓶白酒作为奖励，让到北京当面给他汇报这口井情况的同志带给 3282 钻井队队长高夕月同志。之后，又托人捎来药品让治服井喷的职工治病疗伤。

1975 年 11 月，物探局派出 6 个地震队，胜利油田派出 6 个钻井队，加上河南油田原有的 3 个钻井队，仅用两个月时间，集中 1000 多人的队伍，开始了东濮油气发现之旅。

至 1978 年，3 年时间相继发现文南、卫城、文东、桥口、文中、文 23 等 6 个油气田。确定了地跨河南、山东两省，北窄南宽，形似"琵琶"的中原油田含油气范围。

至此，历时 3 年的东濮石油勘探大会战告一段落（图 1-2），时间来到 1978 年年底，此时的中国，有两件事情必须提及：1978 年 12 月，党的十一届三中全会召开，把全党的工作重点转移到社会主义现代化建设上来，掀开改革开放的历史新篇；同样是在这一年，中国原油年产量突破 1 亿吨大关，如何用好这笔财富，并在"1 亿吨"基础上持续增产，成为关系国民经济发展的重大战略问题。

改革开放春风吹拂下的神州大地，气象一新，方兴未艾，对能源的渴求犹如幼苗期盼甘霖。经过深入调查研究，党中央决定成立中国石油化工集团公司的前身——中国石油化工总公司，以加快发展石化工业，提高经济效益，增加财政收入，改善人民生活。同时，对石化工业资源根基之一的油气田建设也极为重视，胡耀邦、李先念等先后作出批示，要求加快中原油田建设。

从 1979 年到 1982 年，东濮石油会战进入"滚动勘探、滚动开发"阶段。党中央、国务院把东濮油田建设列入国家"六五"规划，石油部迅速从大庆、胜利等油田调入数万名石油工人奔赴中原，拼命拿下大油田，新中国石油工

图 1-2　东濮油田投产祝捷大会

业发展史上第十次，也是最后一次石油大会战厉兵秣马、鸣锣开战。

中原油田是渤海湾盆地最后发现的新油田，是地质条件最复杂的地区之一，勘探开发难度很大。从1983年到1985年，经国务院批准，中原油田三年科技攻关会战蓬勃开展，取得一批推动油气增产的重大成果，同时向世界银行贷款1.08亿元，引进先进技术装备和大型计算机，成为第一个集中利用外资的油田。在此基础上，干部职工高喊"油争老三、气赶四川""宁愿掉下几斤肉，不欠国家一两油"的响亮口号，积极开展社会主义劳动竞赛，黄河南北、百里油区张袂成帷、挥汗如雨。中原油田勘探局成立以后，坚持勘探开发并重的方针，已探明的石油地质储量大幅度增长，生产规模逐年扩大。在5300平方公里的东濮凹陷上，先后发现了文留、濮城、文明寨、文南、胡状、马厂等14个油气田，一举跻身全国大油田的行列。

中原油田的勘探开发成就，是中国石油工人艰苦创业精神的一曲凯歌，在勘探开发初期，伟大的中原石油人以铁人王进喜为榜样，学铁人，当铁人，以"宁肯少活二十年，拼命也要拿下大油田"的精神，舍弃舒适的工作环境和生活条件，到这茫茫荒原睡帐篷、啃干粮。他们日复一日，年复一年，与钢铁为伍，同风沙做伴。20年征尘滚滚，道路漫漫，英雄的石油建设者们用自己的双手，在中原大地树起了一座历史的丰碑，为祖国的现代化建设做出了巨大的贡献。中原油田开发建设以来，"六五""七五"经历了一个高速发展阶段。特别是从1983年起，油田针对油气资源丰富，但地质构造复杂、开发难度大等实际，开展了声势浩大的"三年科技攻关会战"，攻克了一批重大技术难题，原油产量平均每年增长100多万吨，到1988年产量高达722万吨，随后两年，仍保持在630万吨以上，为国家经济建设做出了积极贡献。

进入"八五"后，在计划经济向市场经济转轨的过程中，一些深层次矛盾严重制约着油田的发展。面对储量不足、开发难度大、债务沉重、人员富余等矛盾，中原油田坚持改革与发展相互促进的原则，一方面认真实施"油气领先、多业并举、科技兴业、择优发展"的战略方针；一方面按照国家"三改一加强"的总体改革要求，以转换经营机制、增强市场竞争能力为目标，对企业内部制约生产力发展的传统运作模式进行了全方位、大力度、快节奏的改革，建立了符合市场竞争需要的管理体制和经营机制，形成了生产专业化、管理系统化、服务区域化、经营市场化的新格局。企业的市场竞争能力和抵御风险的能力进一

步增强，生产经营形势逐年好转。1997 年实现盈利 5180
万元，被中宣部、国家经贸委列为国有企业扭亏增盈十个
先进典型之一。之后两年，虽然外部环境发生了很大变
化，各种减收增支因素增多，但仍保持了盈利势头。中原
油田这几年实施的一系列改革与发展举措，得到了国家、
河南省及中国石油、石化集团公司领导的充分肯定。前国
务院领导朱镕基、邹家华、吴邦国等都对油田的改革与发
展作过重要批示。

随着油田勘探开发的逐步深入，适应中原油田地质特
点的勘探开发技术系列相继建立起来。复杂断块油藏精细
勘探技术、连片三维地震处理解释技术、复杂断块油田开
发技术、煤层气勘探开发技术、砂岩气田高效开发技术、
井况预防及治理技术、油层改造工艺技术、剩余油分布研
究及挖潜技术、深抽配套技术、气举采油配套技术、深井
压裂配套技术、油气勘探开发经济评价、油田生产防腐配
套技术等一批特色技术的推广应用，为勘探的突破和油田
稳产提供了强有力的技术支撑。

中原油田的勘探开发成就，是现代科学技术结出的
硕果。20 年来，中原油田重视科技，广揽人才，特别是
1983 年，经国务院批准，开展了三年生产建设技术攻关会
战，使油田在科学技术方面，迈上了一个新台阶。

中原油田所辖探区多、范围广、资源背景大，勘探前景十分广阔。按二次资源评价结果，东濮凹陷剩余石油、天然气资源量分别为 6.77 亿吨和 2463 亿立方米，探明程度仅为 41.7% 和 29.1%，勘探潜力很大。通过老油田深入挖潜、滚动增储和新探区的突破，油田开发也展示了良好前景。2001—2003 年，原油、天然气年产量分别稳定在 350 万吨和 12 亿立方米。2004 年，三次采油技术推广应用和新探区投入开发后，原油产量逐步回升。

随着集团公司重组改制的逐步深入和现代企业制度的建立完善，中原油田在集团公司的统一领导下，进一步丰富勘探开发的技术手段，加大工作力度，努力实现勘探突破和油田稳产增产；继续实施低成本战略，最大限度地增加利润空间，不断增强市场竞争能力，实现持续稳定发展。岁月飞逝，物换星移。经过 20 多年的艰苦努力，中原油田已拓展地质勘探、炼油、炼制加工和石油化工等领域，并且提供物探、钻井、泥浆、固井、录井、测井、试油、完井、修井、作业、酸化、压裂、油气集输、科研设计、地面工程建设等工程技术服务，同时还从事劳务输出和进出口贸易。

中原油田在东濮凹陷建成了文留、濮城、胡状集等 4 个油气田，目前年产原油 400 万吨、天然气 12 亿立方米。形成了一个集油气勘探开发、炼油化工以及机械制造、维修为一体的油气生产和石油化工基地。另外，在国内取得了新疆伊犁、内蒙古白音查干、青海民和盆地、四川普光气田的勘探开发权；在苏丹取得了一个区块的风险勘探开发权，并在巴基斯坦、孟加拉国、埃塞俄比亚和印度尼西亚等国进行工程技术服务。拥有一支专业化施工队伍和科研队伍。在复杂断块油气田勘探开发方面居国内外领先水平，与世界上十几个国家的数百家公司进行了成功的合作，承揽完成多项国内国际工程项目，享有良好的声誉。

中原油田的多种经营产业近年来不断发展壮大，其产品畅销十几个省份，并远销美国、中国香港、南亚、非洲等国家和地区。为了充分发挥特大型国有企业在资源、技术、人才等方面的优势和潜力，中原油田愿意招商引资、与国内外友好人士合作，进一步推动多种经营产业发展。

愿以信誉和实力与国内外同行合作，共同创造世界石油事业的美好未来！

科技攻关锻造锐利长剑，劳动竞赛掘出汩汩黑金，中原石油人共同把中原油田油气当量由1985年的500多万吨推升到1988年的850万吨，位居全国第四位。此后，中原油田接续奋斗、攀登高峰，通过"三新""四三三"

等战略举措，打响了增储稳产保卫战，连续 15 年原油年产量保持在 300 万吨以上，让每一滴原油在国家进步中发挥力量。

21 世纪是天然气的时代。2001 年 9 月，中国石化集团公司成立后不久，就召开油气勘探战略研讨会，把"油气并重"确立为发展战略之一（图 1-3）。中原油田有油有气，与这一战略恰好相合，坚持"油气并举"方针，所产天然气惠及河南、山东、河北等地，为中国石化天然气事业大发展贡献了应有之力。

图 1-3 中原油田"打赢增储增产增效攻坚战"行动动员会

中国石化集团公司是对党和人民高度负责任的好企业，人民性是其根本属性。40 年来，公司始终坚持把发展企业与奉献社会、造福人民有机结合起来，助力保障了民生事业发展。2021 年，随着"储气调峰"国家能源战略实施，中国石化储气能力建设任务落子中原。广大干部职工闻令而动、尽锐出战，相继建成文 96、卫 11、文 13 西、白 9、文 24 等 14 座储气库，成为华北地区最大的储气库群。

三/ 征战普光

进入新世纪后，在党的十六大、十七大精神和科学发展观指引下，国家高度重视能源工作，加快石油天然气勘探开发。2005 年，中国石化集团公司将普光气田划归中原油田开发建设，给中原油田提供了加快发展的新机遇。中原油田强化东濮老区精细勘探效益开发，全力建设普光气田，积极挺进内蒙古探区，全力推进科技攻关，做优做强国内外市场，形成了三大基地联动发展的新格局，成功跨入千万吨级一流油气田行列。

进入 21 世纪，随着国民经济的持续快速发展，中国石油供需矛盾日益凸显，对外依存度持续上升。对此，国家在制定五年规划时，对于能源安全给予了高度重视。"十五"规划指出，能源特别是石油问题，是资源战略的一个重要问题，必须加快石油和天然气勘探与开发。

"十一五"规划强调，要加大石油天然气资源勘探力度，为落实这一要求，2006 年 1 月 28 日，时任中共中央政治局常委、国务院总理温家宝视察中原油田，并提出实行油气并举，稳定增加原油产量，提高天然气产量。加强老油田稳产改造，延缓老油田产量递减。加快四川盆地等地区的油气资源开发。他到中原油田 45710 钻井队考察时又强调，能源是我们整个国民经济发展的一个重要制约因素，石油化工又是国民经济发展的战略重点。能源工作必须加强，石化工业必须发展，这是我们在整个经济布局当中要牢牢把握住的。要大胆进行理论创新和技术创新，注重发现新的区块和新的层位，在现有工作的地区和新的工作地区提高工作程度。希望中原油田有新的发现，希望中国石化取得新的成绩，希望全国石油化工战线为国民经济发展作出更大的贡献。

为了贯彻落实党和国家能源战略部署，解决制约油气资源接替和自给不足的突出矛盾，中国石化集团公司党组制定"稳定东部，加快西部，开拓海域，发展南方，加快国外，油气并举，依靠科技，降本增效"的可持续发展油气资源战略。

按照国家和中国石化集团公司整体部署，紧密结合中原油田资源接替不足、稳产基础不牢、办社会负担沉重等现实困难和挑战，2004 年 8 月 7 日，中原油田召开领导干部会议，提出"一三四四二"的工作思路：坚持以经济效益为中心，实施油气主业有效发展战略、市场开拓战略、科技兴业战略等"三个战略"，推进改制分流、移交办社会职能、社区服务系统改革和组织机构调整等"四项改革"，搞好党的建设、人才队伍建设、企业文化建设和思想政治建设等"四项建设"，确保油田整体推进、同步发展，确保油田经济效益和职工生活质量同步提高"两个目标"。工作目标：力争经过 3 年的努力，资源状况明显改善，稳产基础得到加强，生产成本有效控制，市场份额进一步扩大，实现油气主业持续有效发展和非上市部分扭亏脱困。这一思路，是对中原油田发展实践的总结和创新，体现了科学的发展观和求真务实的精神，为中原油田的发展带来新的生机和活力。

2008 年以来，国际油价大幅波动，金融危机蔓延，国内能源供需矛盾越来越突出。中国石化集团公司从中国能源战略的大局出发，提出力争再用 10 至 15 年的时间，把中国石化建设成为具有较强国际竞争力的跨国能源化工公司的战略目标。同时，作出努力打造上游"长板"的工作部署：勘探上，加强地质研究，优化勘探部署，增加勘探投入，加强技术攻关，推动油气勘探良性循环。开发上，坚持科学开发、精细开发、效益开发理念，不断提高储量动用率、采收率和单井产量，保持油气稳产增产。天然气发展上，重点抓好普光等气田投产和"川气东送"工程建设。石油工程集中力量开展"瓶颈"技术攻关，推广应用成熟技术，增强对勘探开发的保障能力。中国石化集团公司的这些战略部署，为中原油田发展创造了极为有利的条件。

中原油田第七届职工代表大会第一次会议暨 2008 年工作会议、中原油田第八届职工代表大会第一次会议暨 2011 年工作会议提出"十一五"后三年和"十二五"时期的发展思路和目标。发展思路：以党的十七大精神为指针，认真落实科学发展观，以改革管理为动力，以科技创新为手段，积极转变发展方式，大力推进科技进步，管理创新和人才队伍建设，深入实施"五个战略"，统筹把握"六个关系"，统筹推进"三大板块"，稳定东濮、开发普光，优化国内、做强国外，安全环保、节能降耗，以人为本、促进和谐，推动中原油田持续有效协调发展。"五个战略"：深入实施资源接替、市场开拓、科技兴业、人才强企、国际化经营战略。"六个关系"：统筹把握东濮老区与普光新区、内蒙古探区的联动发展，油气主业与石油工程的互相促进，精细管理与安全环保、节能减排的有序运作，科技创新与人才培养的共同进步，党建、思想政治工作、企业文化与生产经营的深度融合，经济效益与职工利益的同步提升等。"三大板块"：油气主业板块，实现油气资源的有效接替；石油工程板块，坚持"做强做精、规模适度、效益优先"，打造更加响亮的中原石油工程技术服务品牌；社会化服务板块，努力打造保障企业生产、服务职工生活、维护社区稳定的平台和基地。发展目标：加快东濮、普光、内蒙古三大油气生产基地联动发展；坚持科技驱动、人才引领，打造海外石油工程的"半壁江山"；构建科学规范、反应快捷、运转高效、监督到位的运营机制。在这一思路目标引领下，中原油田三大基地实现联动发展，国内外市场做优做强，核心竞争力进一步提升，成功跨入千万吨级一流油气田行列。

普光气田，是国家"十一五"重大工程——"川气东送"能源大动脉的主气源地。

中国石化集团公司成立时，所产天然气主要是东部老油田的伴生气，少数来自东部陆相中小气藏。找到成场面的大型或特大型天然气田，开辟更多规模增储、长期稳产新阵地，成为公司上下的当务之急。

1999年5月12日，距离集团公司重组成立还不到一年，以"海归"博士马永生为首的南方海相油气勘探项目经理部成立，这是中国第一个以海相油气为目标的勘探单位。20多名年轻人把目光聚焦前人久攻不克的川东北宣汉—达县地区，风餐露宿，披荆斩棘，用超常规思维破解困扰业界半个世纪之久的勘探难题，一举发现了中国第一个特大型整装海相高含硫气田——普光气田，成为21世纪初全球重要油气发现之一。

集团公司党组审时度势，于2005年把开发、建设、管理普光气田的重任交给当时正苦苦寻求资源接续的中原油田。中原石油人和集团公司兄弟单位的数万名参战员工一起，在崇山峻岭、江河沟壑间，展开了波澜壮阔的开发建设大会战。

这里山势险峻，诗人李白曾感叹"蜀道之难，难于上青天"。而我们的石油"马帮"和石油"棒棒军"，用近乎原始的方式把设备物资运上山头，让钻塔矗立山巅、直冲云天。

这里岩石坚硬，但没有石油石化人的作风硬；这里困难众多，但没有石油石化人的智慧多；这里工程量巨大，但没有石油石化人众志成城、排山倒海的力量大。

在中国石化集团公司党组的坚强领导下，仅用3年多的时间，就完成了普光气田的开发建设任务，为推进国家长江经济带发展战略奉献了洁净能源。2009年，普光气田建成投产（图1-4）。

图1-4　普光气田

　　天然气采出来，还要能送出去。发现普光气田之后，中国石化集团公司向国务院提报了启动"川气出川"工程的设想。时任国务院副总理曾培炎认为，这是与三峡工程、西气东输、南水北调、青藏铁路同等重要的国家基础建设项目，并亲自为项目取名为"川气东送工程"，列为国家"十一五"重大工程。

2020 年前后，随着国家体制机制的改革，"川气东送"管道虽已划归国家管网集团公司管理，但其作为中国能源大动脉的地位始终没有改变。由中国石化集团公司旗下的普光气田、涪陵页岩气田、元坝气田等组成的多渠道供应源头正日夜不停地为管道输送安全清洁、经济实惠的天然气，惠及沿线 80 多个城市、近 3 亿人口和数千家大型工矿企业，为促进中西部和东部地区经济社会协调发展、提高沿线人民生活质量贡献着不竭动力。

四／挺进内蒙古

内蒙古探区，中原油田"三大基地"之一。

中国石化集团公司坚持"油气并重"，这是资源类型上的布局，而"稳定东部、加快西部、发展南方、拓展海外"（图1-5），则是发展地域上的考量。然而，由于胜利、中原、河南、江汉、江苏、东北等东部老油田大都是20世纪60年代至70年代发现并逐步发展起来的，已进入"三高"阶段，"稳定东部"难度大。为此，集团公司要求东部老油田积极探索"三新"（新区带、新层系、新类型）领域。

内蒙古探区，就是中原油田落实"三新"要求，在阴山脚下、辽阔草原、金戈铁马、弯弓追风开辟出的发展新阵地。

随着白音查干达1井钻遇良好油气显示，桑合、达尔其、锡林好来、吉祥、如意、中康等油田相继诞生。

图1-5 积极实施"走出去"战略

随后，又西征巴丹吉林银额盆地。在无人烟、无信号、无淡水的"三无"之地，经过千辛万苦，修筑了直通拐参1井的75公里沙漠道路。

从拐参1井开始，一路惊喜不断。2018年7月，拐6井喜获高产油气流，高约20米的天然气试喷火把，照亮了巴丹吉林的夜晚，也点亮了中原油田的未来。

五／改革奋进

　　中国石化集团公司是改革的产物，拥有不惧挑战、革故鼎新的无畏品格。早在 1983 年中国石油化工总公司成立时，党和国家就要求总公司"办成一个技术先进、管理先进、在国内外市场都有竞争力的经济实体"，自此，"用经济办法办好经济事情"就成为一代代创业者不懈追求的目标。

　　1993 年，中原油田改革全面推开，激起一池春水。

　　创新机制、增强活力。解体"大而全、小而全"，通过减员增效等一系列改革举措勇开先河，激发了 24 万职工家属"为生存而超越"的积极性、主动性和创造性。

　　醒得早、出门早、动手早。1988 年进军新疆轮南 8 井，成为最早进入国内石油工程技术服务市场的企业。中原石油人在国内石油工程广阔舞台上，用实力开拓市场、用品质打造品牌，在祖国山水天地之间树起了中原铁军形象。

走出去、走进去、走上去。中原石油人跨越大洋、超越自己，用中国人的血性改变了西方人的傲慢和偏见。1991年5月，中原油田中标巴基斯坦印度河55号公路13标段施工任务，成为最早进入国际市场的石油石化企业之一。1995年，中原油田承担苏丹六区的勘探开发项目，成为全国首个进入非洲国际勘探开发市场的单位。2001年，中原油田的钻井队，成为中国第一支进入世界石油王国沙特的石油工程队伍。时任中国驻沙特大使吴思科亲自将该队命名为"中国一号"。该队29名职工用28天干成了外国人3个月才能干成的事，又用30天成功交出了第一口高难度水平定向井，在世界石油工程奥林匹克赛场上拼出了威风。

关键抉择，先行一步；凤凰涅槃，浴火重生。1997年，中原油田作为全国十大扭亏增盈的国有企业代表，在人民大会堂介绍经验。

党的十八大以来，中国石化集团公司继续解放思想、深化改革、强化管理，坚决破除制约发展的体制机制弊端，真正建立中国特色现代企业制度，不断提升成本竞争力和资产创效水平，打造富有生机活力的现代新国企。尤其是2020年以来全面落实《国企改革三年行动方案

（2020—2022 年）》，至 2022 年年底，深化改革三年行动高质量收官，成为国企改革第一批典型单位。

国企改革三年行动中，在党中央、集团公司的坚强领导下，中原油田刀刃向内、刮骨疗毒，坚定推行处僵治困，"四供一业"分离移交，电力、作业、抢维修、注采等业务专业化重组等改革举措，老油田不断瘦身健体，正在创造更好效益、更大价值的大道上阔步向前。

六/新时代 新作为

中原油田党委始终保持政治定力，坚持"严"字当头，一体推进"三不腐"工作。2022年，制定《关于一体推进"三不腐"工作实施办法（试行）》，打通不敢腐、不能腐、不想腐内在联系，逐步构建形成五个同步联动一体推进"三不腐"有效机制，即建立实施信访举报工作与日常监督、纪律教育同步联动，初步核实工作与风险防控、廉洁教育同步联动，审查调查工作与专项整治、党性教育同步联动，案件审理工作与以案促改、警示教育同步联动，纠治"四风"与作风制度建设、优良作风教育同步联动。定期开展"常规式""主题式""点题式"以案促改教育活动，组织召开整治"靠企吃企"警示教育大会，警示广大党员干部算好人生"六笔账"，树牢"三不腐"的思想自觉，提升了治理腐败的综合效能。

一、发挥群团作用，打造铁军队伍

中原油田始终把劳动竞赛作为调动职工生产建设积极性的重要载体。2020年12月，印发《关于建立"五比五赛"劳动竞赛机制的实施意见》，启动"五比五赛"劳动竞赛，将38个直属单位划分为6个单元，开展以"比安全赛管理、比效益赛贡献、比效率赛进步、比技术赛水平、比作风赛执行"为主要内容的劳动竞赛，每季度对各单元进行排名，并给予一定奖励。同时，局工会以"五比五赛"为平台，组织科研院所和专业化单位开展"重大立功"竞赛，组织储气库建设单位开展"六比一创"劳动竞赛，调动了广大职工站排头、争第一的劳动热情和创造活力。2022年，组织开展"比安全、赛效益、强技能"劳动竞赛，围绕普光气田停产检修、氢能建设等重点项目，开展"六比一创"竞赛。持续开展"安康杯""提质增效杯"竞赛，中原油田连续9年荣获全国"安康杯"竞赛优胜单位。

青年是未来和希望。2022年5月，国务院国资委党委部署实施中央企业青年精神素养提升工程。31日，中国石化集团有限公司党组全面启动青年精神素养提升工程。6月，中原油田党委实施青年精神素养提升工程，聚焦重点问题，强化青年思想引领；聚焦中心任务，引导青年岗位建功；聚焦现实需求，服务青年健康成长。28日，中原石油勘探局有限公司执行董事、党委书记，中原油田分公司代表张庆生讲授青年精神素养提升"第一课"，正式启动青年精神素养提升工程。他指出，要把握根本遵循，深刻领会习近平总书记重要讲话的核心要义和深刻内涵，坚守初心使命，打造具有强大引领力、组织力、服务力的共青团，牢记殷殷嘱托，争做有志气、有骨气、有底气的新时代青年。活动启动后，直属单位党委扎实推进青年精神素养提升工程落实落细。党组织书记带头讲团课，邀请老石油、老劳模讲石油精神、石化传统，开展"我和先辈比奋斗"大讨论，开展青年文明号创建、青年突击队建功、青年安全生产示范岗、青年岗位能手等行动，以及"青春共筑中原梦"交友联谊活动，举办青年成长论坛等，提升了青年能力素质，促进了优秀青年脱颖而出。

2004年4月，中原油田被授予"全国五一劳动奖状"。至2022年，有8个单位荣获"全国五一劳动奖状"，16人荣获"全国五一劳动奖章"。

"工人先锋号"是一种荣誉称号，由全国总工会授予为促进企业发展作出突出贡献，并具有时代性、先进性和示范性的基层班组（队、站、车间）。

2008 年，中原油田开展创建"工人先锋号"活动，下发实施意见，明确中原油田"工人先锋号"的授予对象、基本条件、推荐程序、授予方式、组织领导等。采油四厂 53 号计量站被命名为河南省首批"工人先锋号"，钻井三公司 70118 钻井队被命名为全国首批"工人先锋号"。至 2022 年，中原油田 11 个基层单位荣获全国"工人先锋号"，有效激发了广大职工"创一流工作、一流服务、一流业绩、一流团队"的巨大热情和无穷智慧。

二、众志成城，抗击新冠肺炎疫情

2020 年 1 月初，新型冠状病毒肺炎疫情迅速在全国大范围暴发。这次疫情是新中国成立以来在中国发生的传播速度最快、感染范围最广、防控难度最大的一次重大突发公共卫生事件。

疫情暴发后，中原油田按照党中央、河南省委省政府、中国石化集团有限公司党组的安排部署，第一时间启动疫情防控工作。1 月 20 日，召开视频会议，传达学习习近平总书记重要指示批示精神，以及属地政府要求，成立疫情防控领导小组，制订《中原油区疫情防控工作方案》，全面部署疫情防控工作。2 月 10 日，疫情防控领导小组提格为指挥部，下设综合协调、疫情防控等 7 个专项工作组，建立组织、责任、工作、报告和督办"五大体系"，有效遏制疫情扩散蔓延。

疫情暴发初期，开展"5+1"大排查，对重点疫区、国内中高风险地区返回员工及其家属逐一排查，密切掌握人员动态，向中国石化集团有限公司和属地政府日报告、零报告，做到人数清、情况明，做到了第一时间排查、居家隔离，防止了疫情扩散。直属单位、居民小区按照"早发现、早报告、早隔离、早治疗"的原则，加强重点人员管控，对新增确诊病例、疑似病例和无症状感染者，配合濮阳市卫生健康委员会和疾病预防控制中心做好流行病学调查、消毒和管控工作。

加强联防联控，与地方政府协作配合，建立油地一体化联防联控体制机制，构建与地方政府、公安、物业、医疗联防联控的"网格化"管控格局。成立居民小区疫情防控工作专班，抽调60名中层干部承包居民小区，联合机关干部、社区人员、志愿者等700余人参加疫情防控，做好政策宣传、门禁管理、防疫消杀等工作。4月17日，疫情防控转为常态化管理。指挥部坚持工作例会和会商研判机制，定期开展分析研判和风险评估，聚焦关键环节，加强工作督导，推进工作有序高效开展，确保了常态化疫情防控措施落实。直属单位和居民小区主动掌握人员动态，随时调整防控策略，补齐管控短板。制订管控预案，模拟现场管控，对出现确诊病例、疑似病例和无症状感染者的小区、楼栋、单位实施靶向性管理，精准锁定管控目标。积极排查无症状感染者，严格进京及到中高风险地区人员管控，加强境外、国内中高风险地区返回人员检测，实现了零输出、零感染、零扩散。

在疫情防控过程中，中原油田闻令而动，认真落实上级决策部署，积极配合地方政府，打赢了疫情防控阻击战。2021 年，疫情防控进入常态化后，坚持机构不变、责任不减、措施不松，继续打好疫情防控持久战，较好地履行了中央企业的社会责任。

三、助力乡村振兴

民族要复兴，乡村必振兴。中原油田根据中国石化集团有限公司的安排部署，加大消费帮扶力度，把巩固拓展脱贫攻坚成果与乡村振兴有效衔接起来。2019 年 9 月，中原油田参加中国石化扶贫商品展销会暨第二届易享节，与甘肃省东乡县达成了牛奶采购协议，截至 2022 年年底，累计采购牛奶 46 吨。当年，普光分公司与达州市通川区、宣汉县等多个县区菜农建立长期蔬菜产品采购机制，助力地方群众增产增收。

2020 年 7 月，参加中国石化集团有限公司助力湖北经济复苏"荆楚优品"暨湖北助农扶贫特色产品云订货会后，委托华苑公司代为集中采购帮扶产品并进行配送，在单位职工食堂采购、开展走访慰问活动中，优先购买消费帮扶产品。

2019—2022 年，通过工会采购及食堂、员工消费等方式，先后帮扶甘肃、四川、安徽、河南等省，采购东乡藜麦、青海小西牛奶、安庆山茶油、桑枝木耳、大别山香米等特色助农产品，采购扶贫产品资金达 1026.46 万元，发挥了消费帮扶的积极作用。

"扶贫必扶智"。2021 年 9 月，中原油田结对帮扶甘肃省东乡县那勒寺镇大树村石化小学。第一时间召开会议研究部署帮扶工作，随后，成立教育帮扶工作专班，班子成员先后 3 次赴东乡县大树村石化小学走访调研，了解学生班级、师资力量、硬件设施等情况，为大树村石化小学配备课桌、凳子、电子白板、采暖锅炉等设施，组织采购课外阅读书、教学辅导教材、名师教学视频及爱心图书 1123 本（套），帮助提炼打造特色校园文化。协调濮阳市油田十中与大树村石化小学建立师徒结对辅导机制，通过共同备课、共制教案、共享课堂等多种方式，提升石化小学教师授课技能。选派 3 名员工驻村在石化小学担任辅导员，开设书法绘画、音乐律动、舞蹈等课程和"第二课堂"。经过结对帮扶，大树村石化小学教学、办学思路更加明晰，学校管理水平、硬件设施、师资力量、学生素质等得到全面提升。

2022年5月，选派11名志愿者再次到大树村石化小学开展义务支教，带去艺术启蒙、应急体验和科普实验等特色课程，点燃了大山深处小学生们学科学、求进步、强本领的热情。中原油田将东乡县大树村石化小学作为"牢记总书记嘱托、助力乡村振兴"的重要阵地，助力东乡县义务教育提质发展，为乡村振兴做出了积极贡献。中原油田作为全国文明单位，2022年3月，参加濮阳市组织开展的送政策、送文化、送健康、送温暖、助力乡村振兴"四送一助力"结对帮扶活动，主动与南乐县张果屯镇联系对接，以文艺演出的形式丰富基层群众的文化生活，助力乡村全面振兴。

中原油田作为国有央企，积极履行社会责任，发挥自身优势推动地方经济发展。在得知四川万源革命老区急需使用天然气后，中原油田普光分公司主动与当地政府联系，共同策划方案、落实气源，推动了项目落地。2019年6月，普光—万源天然气长输管道建设工程启动。普光分公司组织专业人员，会同施工队伍连续奋战18个月，提前完成了工程施工任务。2021 年 2 月 23 日，管道建成开通。普光气田天然气输入万源市千家万户，彻底结束了老区群众"无气用、用气难"的历史。10 多年来，中原油田累计向四川省达州市供应工业用气和民用气超 11 亿立方米，为促进乡村振兴注入了源源不断的绿色动能。

四、积极抢险救灾

一方有难、八方支援。2021 年 7 月，河南省郑州、新乡等地遭遇历史罕见特大暴雨，发生严重洪涝灾害。中原油田高度重视、立即安排，按照应急管理部指令要求，会同河南省救援力量投入抗洪抢险救援。22 日，应急救援中心集结 43 名指战员、4 台抢险救援车，携带 4 艘冲锋舟、2 台抽水泵等抢险救援器材紧急出发，作为第一梯队连夜赶往河南省鹤壁市投入救灾。千里之外的普光分公司应急救援中心在接到上级命令后，立即组织 36 名队员携带救灾机具、物资，仅用一晚上就赶到新乡救援一线，开展抗洪救灾，转移受灾群众近 400 人。这次抢险救援中，排查危房 100 余间，转移被困群众 3261 人、危化品 9 吨，装运防汛沙袋 10000 余袋、防汛物资 130 余吨，排水 3.5 万立方米，清理道路 4.6 千米，赢得了受灾群众和社会各界的广泛赞誉。国家安全生产应急救援中心前线指挥部总指挥、国家安全生产应急救援中心负责人对中原油田两支应急救援队给予充分肯定。他指出，在洪涝灾害最严重的地方、在人民群众最需要的时刻，中原油田应急救援队伍冲在第一线、战在最险处，充分发挥了生力军和突击队作用，赢得了灾区干部群众的衷心爱戴。

2022年9月5日，四川省甘孜州泸定县发生6.8级地震。次日，普光应急救援队接到四川省应急管理厅指令后，立即启动一级应急响应，挑选38名业务骨干，调派10台抢险救援车辆、救援装备，奔赴灾区参与抢险救援。在震中泸定县、石棉县连续奋战、排查危房、搜救遇难者、营救被困人员、转移受灾群众、转运物资、保通道路，圆满完成了救援任务。

五、构建先进文化

中原油田坚持以人为本、文化铸魂、文化育人，以石油精神、石化传统为统领，以中国石化核心价值理念为核心，构建形成"1+2+6"中原油田企业文化体系，形成以"奉献洁净能源 彰显中原担当"为企业使命、"打造千万吨级一流油气公司"为企业愿景、"创业创新创效"为企业精神、"创新为先 资源为根 效益为本 市场为要 绿色为基"为发展理念、"立足中原 走出中原 发展中原"为发展战略的一套中原石油文化核心价值理念，着力持续推动安全质量、廉洁文化两个专项文化建设，提炼形成"六小"基层特色文化核心理念，对内凝心聚力、提升内在价值，对外树立形象、打造一流品牌，为油田高质量发展提供了有力文化支撑。

踔厉奋发新征程，笃行不怠向未来。2021 年以来，中原油田牢记习近平总书记视察胜利油田指示精神，坚决扛起保障国家能源安全责任担当，全面落实中国石化集团公司决策部署，加快推进油气增储上产，东濮老区油气产量企稳回升，普光气田累计生产天然气突破 1000 亿立方米。加快转型发展步伐，完成 100 亿立方米储气库建设任务，打造了华北地区最大储气库群，建成中国石化首个兆瓦级制氢示范项目，构建地热、余热、光伏等多种新能源综合利用体系，绿色企业创建实现了新的突破。坚持科技兴企，启动"十四五"后三年科技攻关，打造技术先导型油田迈出了实质性步伐。完成深化改革三年行动，外部市场规模增速保持在 15%，2022 年经营业绩创"十三五"以来最好成绩。坚持高质量党建引领高质量发展，深化"四同四提"融合互促，全力打造中原特色党建品牌。积极履行社会责任，打赢新冠肺炎疫情防控阻击战，助力乡村振兴，展现了"党和人民好企业"的形象，在打造世界领先洁净能源化工公司新征程中贡献了中原力量。

七 建家立业

中国石化集团公司的发展，是几代人拼出来、干出来的。中原油田之所以能写下一页页光辉篇章，就是因为不论时代怎样变迁、社会怎样变化、企业发展到什么阶段，都没有忘记"我是谁、为了谁、依靠谁"，始终把员工群众冷暖放在心上，全心全意为员工群众办实事办好事，紧紧依靠广大员工群众创造伟业。

在激情燃烧的岁月里，大家闻油而喜、闻油而动，只讲贡献、不讲条件，即使住在木板房、土坯房、帐篷房、围墙房里也毫无怨言。

沐浴党的好政策，中原油田坚持一手抓生产、一手抓生活，通过计划房、安居工程、棚户区改造等办法，不断改善生活环境和居住条件。目前，人均住房面积达到了24平方米，职工家属有了更多获得感、幸福感、安全感（图1-6）。

敬养好老的、呵护好小的，是油田各级组织接续努力的大事。

春去秋来，一茬又一茬的石油后代，从幼儿园起步，走进学堂、走上工作岗位、走向成就梦想的天地。

寒来暑往，一代又一代老石油、老功臣，在灿烂阳光下，感悟社会温度、品尝时代滋味。

幸福，在他们笑脸上绽放，日子里都是好时光。中原油田的明天一定会更灿烂！

图1-6　新时代新面貌

Chapter **02**

第二章
中原 "铁人" 群英谱

　　铁人精神，承载着我国石油工业波澜壮阔的创业史、感天动地的奋斗史、可歌可泣的英雄史，是中国精神、中国价值、中国力量的集中体现，具有超越时空的感召力和历久弥新的生命力。

　　传承红色基因，赓续铁人血脉。

　　中原石油人学习铁人，致敬铁人，争做铁人！在辽阔的中原大地涌现出一个又一个新"铁人"。

<h1 style="text-align: center;">一 时代楷模</h1>

全国劳模，一个响当当的称号。中原油田自勘探开发建设 40 多年以来，先后涌现出"中原铁人"余世顺、何强、王中华、田纪民、邵均克、卢建强、王红宾等全国劳模。在他们身上，集中体现了学铁人、做铁人、当标杆、做示范，他们立足本职，拼搏奉献，为中原油田的发展做出了突出贡献，堪称时代楷模。

一、"中原铁人"：余世顺

余世顺是中原油田第一位全国劳动模范，也是迄今为止中原钻井战线唯一一位全国劳模。从部队转业到油田，直到退休，他 7 次被评为公司和油田优秀党员，连续 6 年荣获公司标兵和油田劳动模范光荣称号。组织上 7 次为他记功。1984 年，他还光荣地到北京参加了国庆 35 周年观礼，

1986年，他荣获河南省五一劳动奖章。1988年起，他相继荣幸当选第七届、第八届全国人大代表。1989年，他成为中原油田第一位全国劳模。余世顺被誉为"铁人式"的好工人，钻井队的"不老松"，石油战线的"老黄牛"。

从部队转业到油田时，余世顺就知道石油战线有个英雄叫王进喜。为了把贫油国的帽子甩进太平洋，他豁出命去拼搏，被称为铁人。巧合的是余世顺所在钻井队的队长就是王进喜在大庆油田亲自培养和提拔起来的。余世顺知道了这层关系后，从心里升起一种敬佩之情。老队长很喜欢这个不怕苦累的年轻人，手把手地教余世顺扶刹把，教他如何当好石油钻井工人。老队长不愧是铁人带过的徒弟，工作严细认真，一丝不苟，余世顺立志像老队长那样，当一名过硬的铁人式石油工人。仿佛是命运使然，余世顺命中注定和石油有着不解之缘，转业第一年，他就被评为先进工作者。

1973年5月的一天，在井队搬迁中，由于吊车司机操作失误，一吨多重的钻杆盒子突然向余世顺倒来，躲闪不及，余世顺和钻杆盒子一起从两米多高的钻台上滚了下来，右脚上的牛皮工鞋当场就被砸了个大窟窿，鲜血直流。送到医院，经诊断，有四个脚趾"开放性脱位，部分趾骨骨折"。躺在病床上，余世顺心里七上八下，整天不踏实，最让他担心的是，脚趾还能不能恢复正常，还能不能再回到井队。那时他刚代理副司钻不久，正是想干一番事业的时候，如果脚上落下伤残，那不就意味着刚刚开始的事业半途而废了吗？在医院住了二十多天，他的右脚可以慢慢地着地了，他才长长地出了一口气。后来，在他强烈要求下提前出院，再后来，感人的场面出现了：看过电影《创业》的都知道，一次铁人王进喜的脚意外受伤，他惦记着生产，拄着单拐来到井场；余世顺也是如此，不过他拄的是双拐。领导不让他上井场，他就钻进伙房去帮厨，去扫院子，烧开水，一刻也不闲着。他干起活儿来，早把医生"出院后休息半个月，不能经常走动"的医嘱给忘了。伤好不久，他被正式任命为副司钻。老队长说，"司钻手里三条命，关系着人身、设备、井下的生死存亡"。他只有小学文化程度，学习起来很吃力，但他持之以恒，只要不上班就抱着书本啃，有些工艺流程图和字母看不懂，就向技术员请教，一点一滴地记、理解和积累。在实践中不懂就问，经常向经验丰富的老师傅请教，因此他的技术水平提高得很快（图2-1）。当副司钻6年，司钻3年，打井30多口，没有出现一次责任事故。

有了铁人精神的强力支撑，有了老队长的率先垂范，余世顺工作起来有使不完的劲。1981年，他担任了井队

图 2-1　余世顺（左）在井场进行技术指导

的机械工长，管着井队上大大小小几十台、上百万元的机械设备，还负责钻台上的气路、井场上的电路等工作。因此，他把井场的设备当作自己的孩子精心维护，设备上的每颗螺丝都紧紧连着他的心。1982 年 6 月，115 井发生井喷着火，他在井场干了八天八夜，身不离工衣，人不离井场，实在太困了，就在值班房里打个盹儿，饿了啃几口干馒头，同事们看他累瘦了，眼熬红了，心疼地说："你真不要命了!"他说:"我是看到井场躺下一堆堆的设备,心里着急啊!"1986年7月,他们队钻机的主要设备绞车传动轴的三挡和倒挡齿轮严重损坏,需要马上更换,可当时公司没有配件,要三天后才能到位。余世顺主动请战,向领导提出自己修理。领导同意后,他带着工具一头钻进全是油污的绞车里面,用锉刀、扁铲把损坏的齿轮、牙轮一个个进行修复。当时正值7月高温天气,绞车里闷得透不过气来,他硬是凭着顽强的毅力,坚持干了五个多小时,直到恢复生产,等他从绞车里出来时,全身都湿透了。由于他的主动工作,不仅在生产上赢得了时间,而且为国家节约了十几万元的资金,为此,公司给他记了二等功。

在井队有这样一句口头语:"设备一出事,工长就有事,设备没有事,工长也没事。"对于负责机械设备的余世顺来说,设备不出事他也闲不住,利用空余时间搞修旧利废和技术革新成了他经常性的工作。比如,换振动筛布是一件很麻烦的事,换一次需要半个小时,用不到一个班又得换新的,而买一块筛布要花380元,很浪费。他又是主动请缨,承担换筛布工作。为了找到振动筛布易破的原因,他常常在振动筛旁,一蹲就是几个小时。功夫不负有心人,终于找到了问题所在,不但解决了筛布易破的问

图2-2 余世顺在钻井施工中

题，而且使每块筛布的使用寿命由原来的一天变为一星期，仅此一项每年就为国家节约材料费7万元。还有，吊卡上的手柄、锁销子坏了，领一个新的要花600多元，但修一修只是花一些工夫。于是人们经常看到他用砂轮打一打，用锉刀锉一锉，焊上去还管用。同事看他整天忙忙碌碌的，干了分内干分外，想不通，说他自找苦吃。但他认为：我们工人阶级是国家的主人翁，主人翁就应该有主人翁的样子，搞搞技术革新，修旧利废，为国家减轻负担有何不好呢？在他的带动下，队里还专门成立了修旧利废小组，每年都为国家节约大量资金。

余世顺也有愧疚的时候，那就是面对妻子、孩子。人有七情六欲，无情未必真豪杰，他常跟人们讲：说钻井工人难当，其实，钻井工人的妻子才难当呢。结婚成家，没有比妻子生孩子、坐月子更重要的事了，此时，妻子最需要丈夫的关心和照顾，可余世顺的三个孩子出生时，他竟没有一次在家照料过。一次孩子和爱人同时住院，两次捎信让他回来照看，他都是因为工作忙，一推再推，等他回到家时，离捎信已整整过去了6天。余世顺心里很清楚，妻子为了支持自己的工作，付出的代价一点不比自己少。那时他家住在新习农场，钻井工人的家属都在大田干活。庄稼快成熟时，还要加夜班看守。妻子除了上班外，还要做饭，照顾三个不懂事的孩子。当时老大八岁，老二才三岁，孩子太小，又没有托儿所，妻子白天上班时只好把孩子托付给邻居。晚上加夜班时，就把孩子先哄睡，再反锁在屋里。有一天晚上，孩子睡醒了，找不到大人，就在屋里哭了起来，嗓子都哭哑了。他们想出去找妈妈，门又开不开。最后不知捣鼓了多长时间，把窗户打开了。当时的窗户都安着钢筋，等妻子下班回来时，看到姐弟俩都把腿伸到了窗户外面，身子还在里面别着哪！妻子把这件事说给他听时，他沉默了半天，心里酸酸的。幼小的孩子太需要父亲爱抚了，哪怕每月回家看孩子一次也算尽到了做父亲的责任。可他不能，前线生产紧张，在家庭和生产不能兼顾的情况下，作为一名党员，能选择什么呢？答案只有一个。余世顺只能亏欠妻子和孩子，只是这种亏欠太多太多了。每年都有节假日，他却很少在家里过，结婚二十多年，他很少和妻子、孩子在一块过个团圆节日。谁没有夫妻之爱？谁没有舐犊之情？他也是血肉之躯啊！当他看到40岁的妻子头上过早地长出根根白发，除了内疚、感激之外，还能说些什么呢？

20世纪90年代初，4521钻井队率先走出国门，进入苏丹石油市场，取得了令人瞩目的骄人业绩。追本溯源，我们发现，4521队组建之时，余世顺就是该队的机械工长，正是因为"铁人精神"的传承，才有了4521队今天的辉煌。还有，如今余世顺的小儿子余红波被评为油田十大杰出青年，现任苏丹32777钻井队项目经理，成为勇闯国际石油市场的一员虎将。在油田工会组织的"劳动感言"征文活动中，余红波获奖，给他颁奖的是他的父亲余世顺，他们父子同时登台，引出一段传奇佳话。

现在，退休后的余世顺在社区仍然发挥着劳模的余热，他调侃地说，余世顺——这辈子注定是要发挥余热了！

二、平凡岗位写人生：何强

他的创业之路，布满了奋斗、奉献的足迹；他默默地以"铁人"为榜样，兢兢业业，埋头苦干，把自己的全部心血和智慧，一同倾注到了祖国的石油事业中。

他就是中原油田采油二厂采油八队工人技师——何强。

43年的岁月，他不懈追求，走过了一条漫长而又闪光的路。

他，近10年来，曾16次获厂劳动模范和先进工作者称号，2次荣立二等功，4次获厂科技进步奖；1989年至1996年，连续8年被评为局劳动模范；1994年，被评为河南省劳动模范；1995年，被评为全国劳动模范。1996年11月26日，是何强难以忘怀的一天，他作为石油系统仅有的4名全国技术能手之一，出席了在北京举行的全国技术能手表彰大会，受到了国家领导人的亲切接见。

生命融于耕耘，青春付与奉献。他的人生价值和信念、毕生的理想和追求都在默默奉献中得到了实现和升华。

43 岁的何强在最艰苦的采油一线岗位上已经工作 26 个年头了。26 年的风风雨雨，他从一个普通工人成长为高级技师、全国技术能手，可以说，这是一条用汗水和心血铺就的成才之路。

何强 1970 年参加工作时只有小学文化程度，对采油知识几乎一窍不通。但他并不气馁，他要求自己从两点上起步：一是掌握更多的理论知识，二是苦练实际操作能力。执着的性格和对石油工业的热爱，使他重新拿起小学课本、初中课本、高中教材，找来了《采油工》《采油工程》《机械制图原理》等专业书籍，上班时利用工余时间攻读，下班后把自己关在屋子里拿起字典一个字一个字地学。五年时间里，他读完了初中、高中的全部课程，读了 300 多本采油专业书籍，视力从 1.5 下降到 0.8，他以惊人的顽强毅力在通往文化殿堂之路上爬上了一个又一个台阶。1975 年 4 月，油田领导推荐他到"七二一"工人大学参加机械采油培训班学习。在工人大学读书的两年时间里，他像着了魔一样如饥似渴地吸吮着知识的琼浆，700 多个日日夜夜里他没有休过一个星期天，七百余天如一日，默默苦读。毕业后，他的同学一部分转了行，一部分当了技术员或坐了机关，可他却坚决要求回到采油前线当工人。他说："是党给了我深造的机会，我要把自己的一生奉献给石油事业。"何强将无限激情倾注在默默奉献中，二十多年来，他敬业爱岗、忠于职守的信念一天也没有改变，他把自己所学的知识运用到采油生产管理上，积极摸索调参碰泵、控制套管气等油水井管理规律，提出各种管理措施700多条，累计增油15000多吨。

1978年，荣获"石油部技术能手"称号的何强已经小有名气，他在自己的日记中写道："在人生的征途中，只有不断地拼搏，才能使生命闪光……"他更加投入地学习和工作。1988年，他顺利通过了竞争测试，成为中原油田第一批采油技师，1992年，他以全局第一名的优异成绩，晋升为高级技师。作为一名老师傅，何强非常注意发挥"传、帮、带"的作用，把自己学到的技术毫无保留地传给年轻人。近几年来，他一直负责厂、矿、队的职工技术培训工作，他对参加培训的职工总是从严要求，操作上一丝不苟，精益求精，每一道工序都按规范严格要求，使一大批的青年成为操作能手。1990年以来，经过他培训的青工有15人获得局"技术能手"称号，这15名青年目前全部被破格聘为工人技师。何强所在的采油二矿采油八队15名青工参加厂技术比赛，12人获得了好名次，并包揽了全部两个特等奖。在局工人技术比赛中，他带领采油八队的3名职工参加采油工种比赛，这3名职工全部被评为技术能手。他言传身教，带出了一大批技术和管理青年骨干，已经有 10 多名经过他"传、帮、带"的年轻人走上副矿长、队长、技术员等岗位。

"新一代的采油工人要用智慧为国家创造更多财富"，这是何强的真情流露和工作的永恒动力。

作为一名采油技师，何强没有满足于量油测气这些日常工作，他把目标定在了更高的位置：要用自己的智慧解决生产中有代表性的、重大的疑难问题。每天只要有空，他就找一些生产问题琢磨来琢磨去。几年来，善观察、勤思考的他完成了一件件技术革新，解决了一个又一个生产难题。

面对濮城油田含水率高、井站设备老化、管网腐蚀严重等问题，何强看在眼里，急在心上，他苦思冥想着应怎样"依靠科技，依靠管理，寻找一条老油田稳产的新路子"。抽油机光杆断脱，是生产中经常出现的问题，用外地厂家生产的光杆打捞筒打捞，常常出现捞几次都捞不上来，或者捞上来后却卸不掉的现象。自己搞一个新的光杆打捞筒如何呢？何强决定试一试。他把几种不同规格的光杆打捞筒放在一起，对比研究，综合分析，用了三个多月时间，画了上千张草图，终于找到了解决问题的办法：把光杆打捞筒的丝扣连接改为用销子连接，既容易卡住光杆，又容易卸掉。1990 年，该队使用光杆打捞筒完成打捞作业 20 多井次，成功率 100%，打捞时间较以前平均减少两个多小时。在生产管理中，何强发现，该队几座计量站使用的流量计存在一些问题：一种流量计的轴套易磨损坏，另一种表头易漏油。经过反复思考，何强把两种表的表头对换，把其中一种表的传动齿轮的点数调节一下，这样，一个长期困扰生产的难题解决了，流量计使用寿命较改良前延长了一个多月。

1990 年，他所在的采油队因注水管线长时间使用，管内防腐材料脱落，造成井下污染，一半水井因此瘫痪，严重影响了原油生产。为了解决这一问题，何强把自己关在队上的一间办公室里，反复研究水表结构原理，三天只睡了几个小时的觉，终于设计出一种沉淀式过滤器，彻底解决了杂质堵塞管线、井下污染问题，该队因此每年减少油水井作业十多井次。

1991 年，采油八队有 4 口油井经常被不法分子偷油，日损失原油 10 吨以上，停井事故时有发生。针对这种情况，何强研制出了抽油机井口防盗盘根盒，解决了这个问题。在抽油机日常管理中，最常见的故障是抽油机底基下沉，导致抽油机底盘断裂，抽油机井被迫停产。尤其是到了雨季，抽油机底基下沉的井增多，采油八队每年有十余口井因抽油机底盘断裂而影响生产。何强瞄准了这个问题，经过一个多月的反复研究，他研制出了抽油机底基起升锚，在该队 5 口井上试用后，有效地减少了抽油机底基下沉的发生次数，每口井节约修理费 2 万元。目前，该项技术已在全厂推广。

1996 年年初，何强发现该队多数低产井、间歇井因冬季温度低，出油管线容易被堵。按常规，要采取掺水流程小流量向管线连续掺水来解决，但这样容易损坏设备；用小油嘴，又达不到设计流量。何强在井上反复观察、研究了十多天，终于想出了解决问题的办法：用普通油嘴填上陶瓷水嘴。这样既保证了低产井、间歇井的正常生产，又保护了设备。3 月，何强发现试井工测示功图时，经常打大卡子，损坏光杆，他就改进了测试墩子，同时加上了安全装置，大大减少了光杆的损耗，经济效益十分可观。

凭着一股子钻劲，何强攻克了不少生产技术难题（图 2-3），解决了抽油机变速箱输出轴漏油的现场维修问题，解决了电机线头烧坏无法接线问题，解决了注水井水量失调问题……7 年间，他有 15 项技术革新成果获厂级以上的奖励，创直接经济效益 100 多万元。

"怕苦怕累怕死不是石油工人的性格。"何强经常这样说。他把铁的性格连同拼搏和奉献精神全部写在采油树上了。

图 2-3　何强在诊断电机运行情况

　　作为一名工人技师，何强深知自己肩上的担子沉重，不仅要及时处理生产中出现的棘手问题，而且要处处起模范带头作用。1990 年 2 月上旬的一天，濮 2-86 水井渗漏严重，需要立即换总闸门。当时寒风刺骨，雪花乱飞，天气十分寒冷，何强带领两名工人赶到井上。生了锈的螺丝卸起来十分费劲，当他们合力将井口卸下来时，一股强劲的水流迎面喷在了何强头上，冰冷的污水顺着他的脖子直往下淌。当他们以最快的速度打足黄油、套好密封圈，又以最快的速度安装完毕后，何强的上衣都结了冰。1991年8月的一天，天气闷热异常，气温高达38℃，在炎炎烈日下，何强和3名工人赶赴濮2-201井换光杆。这口井光杆腐蚀严重，必须在当天更换。根据多年的工作经验，何强提出一个打捞方案：人工控制，用"驴头"慢慢上提光杆！这个方案有一定风险，要求操作人员胆大心细，技术娴熟。作为技师，何强站在井口上打卡子、摘负荷，认真谨慎地上提、下放着光杆。不一会儿，他就热得汗流浃背，渴得喉咙里直冒烟，累得腰酸背痛。就这样，他在井口一干就是三个多小时，别的同志要换他，他不肯，等他下来时一下子瘫在了地上。

作为一名技师，作为一名基层队的管理人员，工作起来经常"连轴转"（图2-4）。1991年7月中旬的一天，早上刚上班，68号站濮3-71井下流程阀门坏了，听到消息后，何强拿上工具就赶到现场，立即投入紧张的修复工作中，修好后已经是上午10点多钟了。他刚回到队上，还没站稳脚跟，又接到矿调度的电话通知：70号站濮2-347电泵井作业投产，要队上派员交接。何强又急急忙忙赶到电泵井作业投产交接现场，等到交接完毕已是下午1点多钟

图2-4　何强在水井旁现场指导

了。这时，何强还没吃上午饭。在回队的路上，途经26
号站，站上的小班工人又把他喊住了，原来，这个站两个
流量计都卡住了。何强一头钻进了计量间，一口气干到下
午3点多钟。当他途经3-272井时，又看到该井的光杆
断脱，油流从井口喷出三四米高。他忘了饥饿，迅速冲上

去，关好闸门，用电话和队上联系，等队上派出的打捞小组赶到后，他又和他们一起干了 3 个多小时，换好光杆时已是晚上 8 点了。回到家里，他坐在地上正吃晚饭时，又接到 68 号站急报：变压器出现故障。他赶忙放下碗，急速赶到站上，一直干到第二天早晨 6 点 30 分。何强就是这样，默默地穿梭于采油树之间，排除各种故障。当人们问他："经常没日没夜地干累不累？"他说："累当然累，但怕苦怕累不是采油工人的性格！"这种精神在何强身上的体现，还有不怕牺牲这一条。1992 年 10 月的一天，何强夜间值班，骑着自行车巡检油井。突然，他发现几个不法分子正在一口井上偷油，他大吼一声，迅速向那口井奔去。井场上，几个不法分子先是说好话，把 3 条烟递到何强面前。何强严词拒绝。这几个不法分子见软的不行，就来硬的，围上来就揍何强，何强拼命抵抗，一个不法分子用气枪打伤了他的胳膊，他不顾疼痛，仍向不法分子扑去。几个不法分子见碰上了"硬茬"，仓皇逃跑了。

日复一日，年复一年。何强在他与采油树打交道的履历上，写满了奉献……

"干工作，要像春蚕吐丝，兢兢业业，至死方休。"何强正是以这样的信念，始终把工作摆在第一位。

人的需要是什么？

26年来，他的注意力，他的兴奋点都集中在自己的工作上。多年来，他骑着那辆备有各种工具的自行车，在井站之间巡回检查，48口油井、42口水井，每口井的情况他都了如指掌，一旦发现油水井有问题，不处理完他从来没回过家。1992年5月29日，濮7-620井作业完后仍不出油，为了防止井底酸化堵塞，他不顾值班一天一夜的劳累，和技术员一起接管线洗井，一直到第二天下午2点多钟干完才回家。检查中，何强碰到一系列难题时，如在市场上买不到配套的电机、小型皮带轮等，他总是在现场设计图纸，然后到机修厂加工电机和皮带轮。

因为工作的需要，何强在事业和家庭这架天平上，总是倾向事业这一边。1992年8月，他妻子经厂职工医院检查，确诊为子宫肿瘤，必须转到局职工中心医院手术治疗。他正准备利用第二天的休息时间陪爱人去看病，谁知当天晚上下了一场暴雨，高压线路一相断电，68号站4口抽油机井电机全部被烧毁。正在值班的何强赶到现场一看，4口井的井场全部被水淹没，吊车根本进不了井场，怎么办？抢开一小时井就意味着多产两吨原油。于是他喊来几个工人，把电机抬到井场，使4台抽油机提前3个多小时投入正常运转。等何强拖着疲惫的身体回到家里，已是第二天下午1点多钟，孩子正用毛巾给母亲擦泪，爱人第一次向他发了火："你去和抽油机过日子吧，以后别再进这个家门了。"何强眼含着泪水对妻子说："没有你的支持，我哪能干出成绩，想啥办法也得治好你的病。"办完妻子的住院手续后，何强立即向老家发电报，让老家来人照顾妻子，随后，他又投入紧张的原油生产中去了。1995年中秋节晚上，家家都在看电视吃月饼过团圆节，何强的爱人中午就做好饭菜等着何强回家，可等到晚上8点多钟，还没看见何强的影子，16岁的儿子急着问妈妈："从我记事起，爸爸就没和我们一起过过中秋节，咱不用等了吧？"何强的妻子没吭声，一直等到第二天凌晨1点多钟，何强才从濮3-247井回来。望着何强疲惫的面容，妻子什么埋怨话都说不出来了。

人，最高的追求莫过于实现自己的价值。衡量人的价值，唯一的尺度是他贡献了什么而不是他得到了什么。在何强的人生追求中，有过绚丽的闪光点。但他没有满足，为拥抱新的辉煌，他正脚踏实地地走向明天。

三、"新一代铁人式的科技工作者"：王中华

石油事关国家安全。实现深层的油气突破，成为实现中国石油资源接替目标的主要手段之一，深井超深井及非常规钻井技术的快速发展则是最重要的实现方式，而钻井

液技术是保证安全、快速、高效钻井的关键。

在中原，有这样一个人，32 年钻研，助中国油化科技直追国际，他的名字与钻井液紧紧联系在了一起，他的故事充满了奉献与执着，他就是王中华。

早在多年前，中国石油化工集团公司高级专家、中原石油工程公司钻井工程技术研究院总工程师王中华，就围绕非常规钻井的需要，着手开展油基钻井液及页岩气水平井水基钻井液研究。油基钻井液已普遍应用，水基钻井液也在现场应用中初见成效，有力助推中原钻井成功钻探世界海拔最高井、亚洲第一深井。

"钻头不到，油气不冒。深井、超深井钻探，可谓深一分、难一分，深一分、险一分。"王中华说。

为国分忧担使命

在中原石油工程公司钻井工程技术研究院的一间实验室里，陈列着一瓶特殊的样品：AMPS。通俗地说，AMPS 是一种新型、高纯度的有机化工单体，化学名称为高纯度 2– 丙烯酰胺基 –2– 甲基丙磺酸。

AMPS 的诞生在中原油田的油化科技史上是一件具有特殊意义的事。专家们称它"在推动油田化学品的发展方面，起到了革命性的作用"。

1999年7月17日，在厦门召开的全国第七届工业表面活性剂学术会议上，一位30多岁的年轻人走上主席台，宣读《2-丙烯酰胺基-2-甲基丙磺酸多元共聚物研究》学术报告。全新的思路，精辟的见解，科学的论断，赢得了200多名中外专家学者热烈的掌声。绝大多数与会代表还清楚地记得，在1998年青岛举行的第六届年会上，也是这位年轻人精彩的报告，给大家留下了不能忘怀的记忆。

这个年轻的学者就是王中华，当时已经是中原油田钻井泥浆技术研究所的总工程师。中原油田钻井泥浆技术研究所是中原石油工程公司钻井工程技术研究院油田化学研究所的前身。

现年52岁的王中华衣着朴素、性情随和，处处透出他的憨厚和淳朴。但翻开油田科技发展的历史档案，上面记载的他的科研成果和学术成就，却是那样的光彩耀眼：

他主持的羧甲基淀粉生产新工艺、SAF油井水泥减水剂研制，获局科技进步二等奖。

他主持的磺化单宁降黏剂研究，获河南省科技进步三等奖。

他主持研制的高纯度2-丙烯酰胺基-2-甲基丙磺酸（AMPS），生产工艺属国内首创，获省科技进步二等奖，河南省高新技术产品，国家级新产品。

气体钻井可循环泡沫技术不仅填补了国内空白，同时创新形成了强抑制、强吸附、强包被成膜泡沫液体系。

他主持的《乙烯基磺酸盐及钻井液体系研究》，由于独特的分子设计，其抗温抗盐效果，使泥浆处理剂上了一个新的台阶，属国内首创。

他研制的油井水泥减水剂（SAF）和有机化工单体（AMPS），均填补了国内空白。

…………

粗略地统计一下，截至 2000 年，王中华先后取得科研成果 20 多项，其中 8 项通过省部级鉴定，3 项获省科技进步奖，十多次获得局科技进步奖。

王中华还积极开展学术活动，撰写论文、技术报告 250 多篇，在国家级、省部级学术刊物公开发表的有 220 余篇，100 多万字。世界权威的化学杂志《美国化学文摘》和石油杂志《美国石油文摘》摘发王中华论文 20 篇。在因特网上多个数据库中可以查到他署名的学术论文 260 余篇。2001 年 4 月，他主编的《油田化学品》由中国石化出版社出版，受到同行专家的一致好评。他又受命主编《油田化学品实用手册》，这是一本较有权威性的工具书。国家科委的有关领导听了王中华的学术报告以后，称赞他这位中国化工学会会员是"很有发展前途的年轻科学工作者"。

王中华以"铁人"精神从事科学研究，为油田的勘探开发做出了重大贡献，多次受到上级有关部门的嘉奖。他先后荣获全国劳动模范、河南省劳模、五四青年奖章、中原油田劳模、十佳文明员工、优秀共产党员、优秀青年知识分子等 60 多项荣誉。

视科研如生命

王中华取得如此丰硕的科研成果，与他着魔般地工作分不开。

"每天早上 7 点之前，他肯定已经在办公室了。周六和周日从来没见他休息过。"从 1991 年就跟着王中华一起干的孙举说，这么多年，没见他改变过。

熟悉王中华的职工群众一直称他为"着魔式的科技攻关者""新一代铁人式的科技工作者"。

1985 年，王中华大学毕业分配到中原油田，从事钻井液研制工作。钻井液俗称泥浆，被喻为"钻井的血液"。中原油田的地质复杂，油藏埋藏深、温度高、含盐量大，属特低渗透型断块油田，对钻井液质量技术要求非常高，不同的区块、同一区块不同开发阶段，各自需要的泥浆都大不一样。必须迅速解决泥浆技术质量问题，才能遏制井喷和泥浆压死油井现象的发生，并保障钻机安全。正处于高速开发阶段的中原油田，首要的科技任务就是研制适合本油田复杂钻井特点的泥浆药品。而这一重担恰好落在刚刚年满 20 岁的王中华肩头。

"科研，就是我的生命。总觉得时间太不够用了，那么多读不完的书籍资料，那么多做不完的化学实验。"王中华回忆当年刚参加工作时，油田生产中不时冒出难题等待解决，他没法按部就班去工作，只能只争朝夕。从踏出校门进入中原油田的第一天起，他就明确了自己的志向，要把所有的智慧应用到油田化学的科研攻关上（图 2-5）。没白天没黑夜地埋头于实验，每天早晨 7 点准时上班，惜时如金。他汲取营养，不断充电，自费订阅大量的化学杂志，办公室成了小型图书室，家中更是成了书的天地……

1989 年，王中华主持进行 SAF 油井水泥减水剂的研究。当时国内没有可借鉴的资料，他查阅了许多的外文资料，做了 2 万多字的阅读笔记。酷暑之中，他每天都进行五六套试验，最多时，同时开动 4 台反应设备，在仪器旁一待就是几个小时，甚至是十几个小时。

王中华当时做的实验不仅有有毒气体侵害，还有爆炸的危险。一次，他在进行中试试验中，突然一个反应釜喷

图 2–5　王中华在实验室做钻井液实验

出了大量的甲醛气体，霎时弥漫了整个车间，随时可能发生的爆炸威胁着在场每一个人的生命安全。王中华让几十名试验人员迅速撤离现场，自己却勇敢地抓起冷水管向反应釜冲去。在强大的冷水流的冲击下气体慢慢收拢了，王中华不但防止了爆炸的发生，而且取得了试验的第一手资料，为中试成功迈出了至关重要的一步。经过刻苦攻关，SAF 试产取得了成功。由全国 10 多名专家参加的科技鉴定会认为：此项产品与工艺属国内首创。

王中华在一种新产品研制成功后，总是来不及放下庆贺的酒杯，就瞄准新的目标，去攀登下一个新的高峰。在长期钻井现场观察和地质资料研究中，他一直在琢磨一个问题：能否研制一种化合物，能够提高耐高温、抗盐的能力，用来大幅度提高泥浆药品的适用性能。后来，一个大胆的构想逐渐形成，他要用高分子聚合方法寻找这种理想的化合物。

为了寻找自己理想中的化合物，王中华调动自己的知识储备，求教大学时的老师，借鉴国内外高分子化学研究的最新成果，与课题组的几名成员连续奋战四个春秋，经过无数次失败，终于在 1994 年研制成功了一种有机化工原料单体——高纯度 2- 丙烯酰胺基 -2- 甲基丙磺酸（AMPS）。这一代表水溶性高分子单体的最新成果，1996

年被评为国家级新产品。该产品作为基础化学原材料，被广泛应用于石油化工、制药、纺织印染、水处理等 17 个领域，创造了无法计算的经济和社会效益。

以 AMPS 为一个标志性的开端，王中华从此将全部的精力投入科研。此后，他的科研成果陆续诞生："乙烯基磺酸多元共聚物及钻井液体系"项目在中原油田应用，开创了复杂断块油田钻井泥浆应用的新局面；耐高温、抗高盐的三次采油聚合物驱油剂这一成果，突破了高温高盐油藏难以用化学方法驱油的禁区；适用于页岩气开发的油基钻井液体系，在有力助推国家级页岩气示范区涪陵页岩气田开发的同时，也实现了国内油基钻井液广泛应用突破……

视名利如包袱

随着王中华的名气越来越大，前来找他咨询技术的人和单位也越来越多。深圳的外企以年薪上百万、汽车、别墅等优厚待遇聘请他；北京的专家让他去读硕士、博士，并许诺把他和妻子的户口都迁入北京，还分给他一套高工住房……可王中华谢绝说，"名利对我来说是包袱，更是腐蚀剂"。

熟悉王中华的人都说，只要王中华愿意，他肯定是中原油田的首富,因为他的每一个科学配方都能带来丰厚回报。

某日,在中原石油工程公司钻井工程技术研究院的一间办公室里,王中华像往常一样,不到7点就到了办公室。

办公室分成两个小间,外面是一个大书桌,上面整齐地堆着几摞书刊和报纸。里面是王中华办公的地方,桌子上摆着一台电脑,案上也是满满的书刊。

学习、工作,是王中华每天必备的活动。尽管他现在已是油化界的元老和专家,但他还是孜孜不倦地学习和钻研。"你无法延长生命的长度,却可以把握它的宽度。"

在对待个人的名利方面,王中华十分超脱。为了培养扶持更年轻的同志(图2-6),他亲自选题立项的课题,比如"乙烯基磺酸多元共聚物及钻井液体系的研究"这样的1998年局重大科技攻关项目,他都主动把项目长让给助手,自己只做技术指导,调动广大科研人员工作的积极性。只要不是自己主持研究的项目,在技术报告上从不让署自己的名字。

从2006年开始,王中华很少亲自动手做实验,"把机会让给年轻人"。

不过,实验室有什么事,技术团队还是离不开王中华的指点。他也乐意与他们交流。

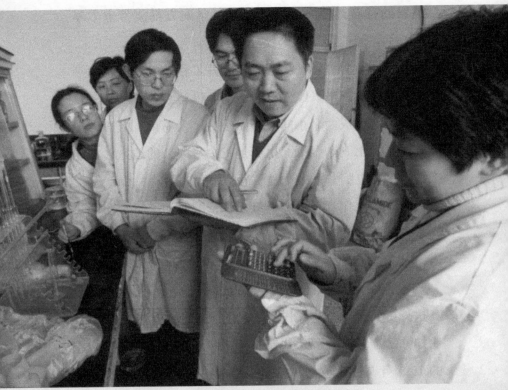

图 2-6　王中华（右二）在指导年轻科研人员

　　"虽然王总不再做实验，但我们现在做的实验，他几乎都做过，所以我们实验室里遇到的问题，他一听就知道咋回事。"孙举说。

　　2016 年 12 月，王中华出了两本书——《钻井液及处理剂新论》《钻井液处理剂实用手册》，前者侧重理论，后者侧重应用性。

这两本书，是王中华工作以来的经验和技术总结之作。

"为了避免路途往返浪费时间，近几年，我很少参加国内有关的学术会议，埋头做科研才是根本。"王中华说。

提起生活中的王中华，有不少人说他傻，王中华总是嘿嘿一笑："人什么方面都太精了，事业上就难有长进了。傻点有啥不好？"

王中华这么做事，这样做人，究竟是为了什么呢？王中华说，人活着就要葆有一种精神，追求人格上的完美。只有积极向上，奋斗进取，才能无愧于一个共产党员的光荣称号。

四、用创新领跑的金牌工人：田纪民

渴求知识，崇尚科技，是一个民族的优秀品格；

爱岗敬业，无私奉献，是一切劳动者的美好情操。

科技进步日新月异、知识创新空前加快的今天，人们更加笃信不疑：造就一大批高素质的普通劳动者，是国家和民族振兴的希望。

在中原油田几万产业工人中，传颂着一位普通工人的不平凡的事迹。他以 31 年如一日对知识和技术的执着追求，以对石油石化事业的赤诚投入，震撼着人们的心灵。

他，就是全国劳动模范、中原油田采油三厂明一采油管理区维修班班长田纪民。

在几天的采访中，一直想找出田纪民外表上最有特征的细节，好让读者一下子就认识这个石油工人的杰出代表，但没能如愿。比起20世纪50年代出生、经历几十年雨雪风霜的同龄人，他脸上的皱纹并不更多；比起机关工作人员，他的肤色稍黑一些；可站在维修班的工友中间，他闪耀着太阳光泽的皮肤就一点也不显得特别了。

面对追问，田纪民再三说："我只是一个普普通通、平平淡淡的维修工人。"的确，他就是一个普通人，是走进人群中转瞬就找不到身影的那种普通人，是见面时认识、可过后回想起来却说不清楚长相的那种普通人。当他穿着工作服与工友在油井上忙碌的时候，当他坐着班车上下班的时候，如果不认识，你恐怕想象不到他是一名技术创新成果多得让人目眩，获得过全国技术能手称号、全国自学成才者称号、全国五一劳动奖章，被评为全国劳动模范的金牌工人。就在2005年"五一"国际劳动节前，他走进庄严的人民大会堂，受到胡锦涛等党和国家领导人的亲切接见……

一路平平淡淡走来，田纪民却收获了人生的精彩。

"如果有一天我也能当上工人，一定要当一名出色的好工人!"

谁在年少时没有梦呢?田纪民小时候的梦想并不是当一名维修工,在母亲的谆谆教诲下,著名数学家华罗庚、科学家钱学森及铁路工程专家詹天佑都是他崇拜的偶像。

1955年1月,田纪民出生在一个知识分子家庭。田纪民天生富于幻想,做教师的母亲教导他,那些五彩的梦幻要靠知识才能变成美好的现实,只有好好学习,才能有所作为。渐谙事理的田纪民开始发愤学习。可就在他刚刚对学习产生兴趣的时候,命运给他开了一个大大的玩笑。1966年,"文革"开始了,身为国民党党员的父亲被定为"历史反革命",他理所当然地成了"地富反坏右"的"狗崽子"。在最不应该离开校园的年龄不得不告别校园,这是他人生最大的遗憾。为此,他用了一生的努力来弥补。

14岁时,田纪民随下放的父母来到甘肃张掖县最偏僻的一个人民公社。求知心切的田纪民听说距公社十几公里的地方有一所学校,便几次偷偷跑到学校,扒着教室的窗台听课。不久,被队长发现,他几次被打得遍体鳞伤。

求学之舟在那个政治风暴肆虐的年代再次无奈地搁浅,求学的梦想在田纪民的心底暂时沉睡。

下乡的6年时间里,田纪民养过猪、放过羊、修过河,吃尽了苦，也磨砺出了一种品格——凡事不向困难低头。

"文革"后期落实政策，身边不少人陆陆续续通过招工当上了工人。田纪民憧憬着：如果有一天我也能当上工人，一定要当一名出色的好工人！

他人生的春天终于到来了。

1974 年 12 月，田纪民光荣地成为玉门油田老君庙油矿采油六队的一名采油工。如同得以释放能量的火山一般，田纪民把一腔热情尽情地投注到他挚爱的工作中，浑身总有使不完的劲儿。说起这段往事，一向言语朴实的田纪民也有了诗意的情感："到现在我还保留着我的招工通过单。它是我人生转折的见证，不仅现在，今后我也永久地保存它，直到永远。"

田纪民的心在晴空中轻快地翱翔。

从小田到田师傅再到"土专家"，他说："学习是终身任务，学习好才能工作好。"肯吃别人不愿吃的苦，肯学别人不愿学的技术，肯动别人不愿动的脑筋，肯牺牲别人不愿牺牲的八小时以外的时间，这就是田纪民成才的催化剂。

然而，理想就是理想，现实就是现实。

没多久，田纪民的心就凉了半截，感到了极度的悲哀。在农村时饱尝艰辛的田纪民不怕苦，工作态度没说的，干起出力的活儿来虎虎生风，别人都望尘莫及；但一牵扯到技术，他就晾了台。因为文化水平太低，当时他连报纸都读不下来，写一句话常常是错别字迭出，理解能力也很差。矿里开展技术理论考试，他的成绩总是排在最后；算数据、填报表，自己填老是出差错，实在没办法，就央求别人帮忙填。

虽然如此，但田纪民没有消沉。"知识是智慧的明灯""在知识的山峰上登得越高，眼前展现的景色就越壮阔"……母亲教导自己的话再次在他的耳畔如钟磬般响起。"我不能在课堂中学习，但可以在实践中学习，我不能成为一名科学家、工程师，但可以通过钻研石油工艺技术，成为一个有作为、受尊敬的采油工人！"

"不患才之不赡，而患志之不立。"此后，学习成为田纪民生命的第一需要和永恒动力。为了弥补文化知识和专业理论的不足，他给自己订下严格的学习计划，每晚必须看四个小时的技术书籍和有关资料。为此，他常常看书到夜里两三点钟。为了不影响同事休息，他把宿舍墙上的砖抠掉了一块，在里面安了个灯泡再蒙上一层纸。他从初中、高中文化课补起，先后通读了采油工、地质工、测试工、车工、管工、电焊工、气焊工、电工等相关专业的技术书籍。三十年下来，田纪民阅读了100多本各类专业技术书籍，记下了 150 万字的读书笔记。

正当田纪民处于如饥似渴地学习知识和技术的亢奋状态时，发生了一件让他无所适从的事，将他推到了极度矛盾的境地。参加工作后时间不长，他的师父向单位提出了调动的请求。原因是他带的这个"小鬼"太特殊，教给他一项技术没几天就会了，干起活儿来，经常比他这个师父还利落，再不走，他这个师父当得太没面子了。眼看因为自己的"出师"让师父没面子，田纪民一度内疚而迷茫。

不久，另外一件事把他从苦闷和困惑中拉了出来，在单位组织的技术比赛中，他破天荒地拔得了头筹，平生第一次站在了梦寐以求的领奖台上。

胜利属于求索者。

成功的喜悦如惊涛拍岸激荡着他那颗年轻而敏感的心。田纪民体会到从未有过的自信和畅快。强烈的求知欲再一次在他心中无法遏制地复苏滋长。是的，学技术是无上光荣的，没有什么能够阻挡自己学习进取的脚步。当工人就要当最好的。

田纪民以更大的激情投入学习和工作中。

热血青年总是向往红红火火、热热闹闹的劳动。1983年，中原油田如火如荼的会战开发建设深深地吸引了田纪民，他向组织提出了调到中原油田的申请。在中原油田急需人才的创业时期，田纪民的心愿顺利实现了。他来到中原大地的沃土上，开始了跨越式成长的崭新历程。

乍到中原油田，对一切，田纪民都感到新鲜，感到好奇，想弄个明白。中原油田大开发的热潮，把田纪民学习的热望空前地激发出来。他像海绵一样贪婪地吮吸着技术和知识的甘露。看到电焊把两块铁化了再粘到一起，田纪民稀罕；看到工友在油井上一阵鼓捣，原来趴窝的抽油机驯服地重新转了起来，田纪民称奇；看到别人唰唰唰几笔就画出了机械零件的模样，田纪民艳羡得直咂嘴，也想能这么潇洒地来几下……

田纪民抓住一切机会学习。除了自己多方求教之外，不管别人遇到哪一类的问题请教技术专家，他都在旁边仔细盯着看，用心学，广泛涉猎，博采众长。1993 年，在他的积极请求下，矿上派他到外地学习机械制图，他如获至宝，仅用 30 个学时就顺利通过了考试。授课老师让他介绍经验，他说："功夫在课后，多想多琢磨，准成。"

多年来，田纪民一直从事的是采油维修工作。采油队电焊、气焊的利用率较高，尤其是补焊管线，给多方位使用焊枪提出了更高要求。为了掌握灵活的焊接技术，他轮流在两只手腕上吊着砖块练习焊接，经过半年的苦练，终于达到了左右手均能操作电焊、气焊技术的水平（图 2-7）。无论多么狭窄的空间，他都能焊接自如，大大提高了工作效率。

天道酬勤。在不懈的求索中，田纪民达到了采油、维修、电焊、气焊都很擅长的"全能"境界，成为一名采油高级技师、一名名副其实的专家型工人。而他，没有将高

图 2-7 田纪民在抽油机工作现场操作

超的技术能力作为增加自己身价的筹码，而是将知识化为能力，在自己的岗位上实现自身实实在在的价值，努力为企业创造着效益。

"咱当不了科学家，但可以做个能工巧匠，当个智能型工人，通过自己的技术创新为企业助力。"谦逊的田纪民，有时也豪迈。

不断创新，敢啃硬骨头，是田纪民走向杰出的灵魂。

2001年9月，田纪民所在的采油八队的电焊机出现了故障，需要送到厂家进行维修。这样一来要花钱，二来还会影响生产。田纪民决定自己试试。他找来《电焊机维修》等书籍仔细阅读理解，结合理论对电焊机拆卸检查。经过反复揣摩，他终于发现了问题所在——电焊机中的电路磁场不通。于是他自己掏钱买来了转换开关、进口石英砂纸等，对故障部位进行维修。在他的努力下，仅花了50元钱就把外修可能花费2000多元的电焊机修好了。田纪民初次品尝到了创新的乐趣。

从此，一发而不可收。

采油三厂地处两省三县交界处，原油被盗现象十分严重。尤其进入1995年后，为了盗窃原油，不法分子对油井的破坏愈加厉害，边缘井生产的原油几乎进不了站。

田纪民的心在流血！一种强烈的刺痛冲击着他。

他暗暗发誓要研制出一套井口防盗装置，保卫国家宝贵的石油资源不流失。在反复观察了被不法分子破坏的光杆后，他想，如果生产出一种类似于刀片的东西，不法分子一砍光杆，这种东西就自动把破坏处削平，仍保持密封圈的密封性能，不法分子不就偷不成原油了吗？要生产出这样的东西，首先就要了解光杆的硬度。于是，他拿着光杆来到采油工艺研究院请人进行硬度鉴定。研究人员大惑不解："你一个工人搞什么光杆硬度鉴定啊？"弄清了田纪民为了维护油田利益，大胆搞技术创新的来意，研究人员感动了，当即进行了鉴定。接着，又请教有关专业人士如何选择刀片材料。问题接踵而至。材料选好后，为了加工高硬度刀片，找了好几家机械加工厂，不是加工不了就是不给加工。理由很简单：本来加工难度就非常大，又不是批量生产，加工这玩意儿出力还不挣钱。终于找到了有加工能力的厂家，人家还不答应给加工，田纪民急了："师傅，你是不知道，采油现场被不法分子破坏得厉害，我们采油工人辛辛苦苦生产出来的原油，大量流失，真是让人心疼得慌啊！"厂家的人员被深深打动了："你一个普通工人，能这样关心企业的利益，我们佩服！冲着你这人，这活儿我们接了，而且给你特殊优惠，只收你半价。"前后经过近两个月的时间，第一代集防砍、防盗、防卸多功能于一体的井口保护装置终于问世了。当时的厂长酒尚利亲自拿着斧子来砍，验证的良好防盗效果让全厂上下兴奋不已。

从此，一个没有能力防止原油被盗的时代在油田结束了！

他，一个普通的维修工人，用自己的智慧和奉献，完成了历史性的创造。这，是多么幸福的事！田纪民由衷地说，创新带给他的是拥有任何财富都无法比拟的快乐。

井口保护装置应用后，效果立竿见影。当年，在全矿遭破坏严重的40口井推广使用后，田纪民所在采油八队就超产原油6000吨，其中一半是安装这一装置而挽回的。

近年来，按照方便施工、降低成本、提高抗破坏能力的原则，田纪民不断地对井口保护装置进行改进和完善，平均不到两年就研制出一代井口保护装置。就在几天前，第八代分级式可调井下光杆保护器又研制成功并投入使用。

此外，田纪民还相继研制出了防卸盘根盒和防卸采油树、防盗取样考克、防盗井口三防密封保护器等一系列防盗装置，逐步形成了以采油树、抽油机、输油管网等为主要内容的4大项、6大类、41个品种的系列防盗新技术（图2-8）。这些技术操作方便、安全可靠，在油田同行业推广应用后，大大降低了油井的破坏程度，减少了原油损失，累计创效 3000 余万元。

图 2-8　田纪民在井场认真研究技术问题

"我们的发明家"是职工们对田纪民的亲切称谓。因为田纪民的发明创造总是体现着以人为本的关怀。对职工深切朴素的关怀，成了促使他发愤创新的不竭动力。

1987 年，田纪民做出了一件让人难以置信的事。那时，市面上刚开始出现洗衣机，他这个普通工人竟然"破译"了洗衣机的"机理"，也生产出了一台洗衣机，而且容量大，能定时。

生产洗衣机这个决定，是田纪民在看到工地上经常扔得满地都是工衣的景象时做出的。采油工人整天与油打交道，身上的工衣油泥遍布，他们嫌手洗起来太费劲儿，便干脆扔掉。"职工每年发的工衣是有数的，这个扔法太可惜！"田纪民焦心不已。

为了生产洗衣机，田纪民专门到商店买了一台家用洗衣机，拆开来细细地研究它的结构设计和工作原理，模仿着画图纸、加工配件。同时，他找来废旧材料作加工原料，自己一锤一锤敲打出了洗衣机箱体。遇到电路难题，他把外面修电器的个体户请到家里，好酒好菜招待，请教咨询。为了实现洗衣机的自动定时，他把家里的钟表拆了，研究定时原理。经过三个月的认真钻研，一台可一次性洗衣25公斤的大容量洗衣机诞生了。这下可把常为洗衣问题犯难的采油工们乐坏了。他们自发地举行了别开生面的"开洗典礼"，开心地庆贺洗工衣难的日子彻底结束。

正当田纪民沉醉在创新的喜悦之中时，发生了一件让他刻骨铭心的事。

以前和他在同一班组的一名老工人的儿子，一个年仅19岁的作业工，在井上作业给抽油杆倒扣时，被抽油杆强大的反弹力打死了。

田纪民的心在颤抖。

他主动请缨，要研制出一种对作业工完全没有人身威胁的抽油杆对扣器。为此，他一度绞尽脑汁，却一无所获。就在他深陷迷惘而无从突破的时候，一天夜里，下乡时见过的大轮车突然闪现于他的脑际，给了他灵感。有了，就把抽油杆对扣器做成圆盘状的，既可以增加抽油杆的力比，圆形的形状又不可能伤人。大喜过望的田纪民连夜找来废旧抽油杆对扣器一点点敲打成圆弧形，制成新型的圆盘式抽油杆对扣器。

改变险状心切的田纪民仅用了一周时间就完成了他的创造。这在他自己的创新历程中也是绝无仅有的。

因为可靠实用，在油田安全管理部门的力推下，不到一个月的时间，圆盘式抽油杆对扣器在油田全面推广。

1998年对田纪民来说，是富有纪念意义的一年。在取得无数创新成果之后，这一年，他有了以自己姓氏命名的创新成果——"田式黄油枪"。

以个人姓氏命名技术创新成果，在当时的采油三厂，田纪民是独一份儿。

虽然只知耕耘淡泊名利，但田纪民总能得到幸运之神的格外眷顾。

抽油机保养是采油队维修班常干的工作，以前用的标准式黄油枪容量小，只能装400克黄油，保养一次抽油机，职工要爬上爬下忙活三四个小时，难度大，工作效率低，危险性大。

田纪民看在眼里，急在心上。

为了解决实际运用中的困难，他曾写信咨询了 6 家修理厂，均没有得到确切的答复。不甘于现状的他，便下决心自己动手改进。构思、设计、加工装配、试验，历经一年多的时间，一个容量大、效率高、安全可靠的新式黄油枪诞生了。该装置采用高压软管与抽油机各注油点进行连接，在地面就可以进行操作，保养一次抽油机只需不到 10 分钟便可完成，大大缩短了保养时间。这项技术被采油三厂命名为"田式黄油枪"，成为油田首个以工人姓氏命名的技术成果。

多年来，围绕采油队原油生产中的技术难题，田纪民还相继研制出了光杆防腐盘根、井口旋转器、电焊充电两用机等小改小革和发明创造成果 40 多项（图 2-9），累计创效 6000 万元。从而成为新时代工人阶级知识化和推动先进生产力发展的突出典型。

面对成绩，田纪民说："我的那些成果严格来讲，算不上什么发明，甚至有点土气，但却很管用、很实用。只要生产需要，我还要找准问题，继续搞创新。"

"田纪民不是科学家，只是一个不断在一线主动寻找

图2-9 田纪民在研究技术革新成果

课题的工人式专家，在我看来，他的智力一般，但努力不一般。"时任采油三厂厂长杨焕文直言不讳。

时任党委书记张振华说话很实在："活的典型难树，怕变。田纪民在我们厂基层队22年如一日，树这个典型，我们心里踏实。"在采油三厂、在中原油田，"田纪民"三个字已超出了姓名的范畴，成为一种精神，一种品牌，有了象征意义。

张振华不无感触地说："我们希望广大职工都来学习他刻苦学习、发奋成才的进取精神，锲而不舍、锐意攻关的创新精神，脚踏实地、甘于奉献的敬业精神。果如此，油田的有效发展就有了最根本的保障。"

鉴于田纪民为油田做出的突出贡献，上级领导多次考虑给他提干，他却执意拒绝。他说："在采油一线穿着油工衣我心里踏实，到后面去我都不知道干什么，再苦再累我也不离开生产一线。"

其实，了解情况的人知道，生产一线是田纪民的沃土，也是田纪民的险地。

从搞油井防盗研究的那一天起，田纪民就成了不法分子的眼中钉、肉中刺，他们想尽了办法来拉拢打击他。多少次，田纪民在油井上焊接防盗装置时，不法分子送香烟想拉拢腐蚀他。

"我不会抽你们的烟，更不会损害国家和油田的利益。你们这些不法分子别想在我这里得到任何好处！"田纪民义正词严。

见软的不行，他们就来硬的。一次，在上井的路上，一辆三马车风驰电掣地向他冲来，上面的人还叫嚣着："就是这家伙，总和我们作对，撞死他！"还没回过神来，田纪民被剐倒在路旁。强忍疼痛，田纪民挺直身躯站了起来，对站在不远处等着看笑话的不法分子厉声断喝："谁也甭想阻止搞防盗，我的责任就是维护油田正常生产！你们听清楚，我从来不和人结怨，如果有一天我死了，你们就是第一嫌疑人！"

正义的力量威不可当。几名不法分子噤若寒蝉。

一身浩然正气，不言自威，一腔敬业爱岗情，追求不止。田纪民让不法分子又恨又怕，让他的工友又爱又敬。工作之余，绝技在身的田纪民总想把自己的技艺传授给更多的职工。为此，他经常义务举办技能培训班。讲起课来，他从不拿书本教材，而是把深奥枯燥的技术理论转化为朴实通俗的语言，传达给职工。工人们都特别爱听他的课。此外，他还开辟了练兵园地，对工人特别是青工的技术操作进行具体指导，毫无保留地倾其所学。在他的悉心培养下，先后有3名青工成为局级岗位能手，18人获得厂技术能手称号。

对田纪民的爱岗，既是同事更是伴侣的妻子周桂军比别人更多一些理解和信任。周桂军和田纪民同在一个小班组工作，同样的工作，朝夕相处的相知相携，周桂军对田纪民的理解发自内心："他经常不能按时回家，但我知道他一定是为了工作。"

说起爸爸，女儿田蕾忍不住委屈。在她眼中，爸爸是个不懂父爱的人，天天没完地捣鼓那些油乎乎的铁家伙，却不肯关心自己。在她的印象中，她生病的时候爸爸也很少在自己的身边。

对女儿，田纪民感叹已经有了代沟；对老人，田纪民感觉有愧。母亲在世时，年已八旬的母亲瘫痪在床，妻子也在采油前线上班，为了加紧进行技术攻关，中午他常常回不了家，只好提前做好饭菜放在母亲床边的小凳子上。手脚不便的老人时常把饭菜碰翻在地上，只能饿着肚子等他回家。说起那些希望过、痛苦过、奋斗过、追求过的日日夜夜，田纪民禁不住有些哽咽，对家人强烈的愧疚感噬咬着他的心，但他却平静地说，他有愧却无悔。田纪民对企业对国家的贡献已经远远超过了对家庭的亏欠。

在田纪民的笔记本上，记着这样一段话："在静谧的非洲大草原上，夕阳西下之际，一头狮子在沉思：明天当太阳升起，我要奔跑，以追上跑得最慢的羚羊；一头羚羊在沉思：明天当太阳升起，我要奔跑，以逃脱跑得最快的狮子。那么，无论你是狮子还是羚羊，当太阳升起，你要做的，就是奔跑。"

田纪民一直在这样做——奔跑，向着更远处……

五、用爱托起希望：邵均克

2006 年，集团公司评选"廉洁勤政优秀领导人员"时，油田党委向所属各单位发出了报送先进典型人物和事迹的通知，邵均克的先进事迹由第一社区管理中心推荐上报。当时，油田党委把其作为勤政爱民、廉洁从业的先进典型，进行了广泛宣传和深入报道。其间，邵均克先后被评为中国石化集团公司劳动模范、优秀共产党员、廉洁勤政优秀领导人员，并荣获全国劳动模范、全国五一巾帼奖、全国五一劳动奖章等荣誉。

随着全社会对道德模范选树和对残疾人事业关注度的不断提升，油田党委把邵均克作为爱残助残的先进典型推向社会。油田党委把握时机和节奏，立足于弘扬邵均克扶弱助残、倾注真情的高尚情怀，创新宣传渠道，与濮阳市委宣传部门联合，利用豫剧的形式进行宣传，引起了良好的社会反响，获得了上级领导、专家和观众的高度评价。邵均克先后被授予集团公司第一届"感动石化人物"、河南省"感动中原十大年度人物"、中央文明委"中国好人"等荣誉称号。2012 年，邵均克当选党的十八大代表。以她的真实事迹为原型创作的抒情豫剧《情暖中原》荣获中央企业精神文明建设"五个一工程"奖。

邵均克，1964 年 11 月出生，中专学历，政工师，中共党员。曾任濮阳市中原石油华苑实业有限公司副董事长、经理、党总支副书记，中原石油勘探局第一社区副主任、党委委员。

邵均克十年如一日，情系民生，爱残助残，立足本职岗位学雷锋，解决了辖区一大批失待业人员的就业难题，不仅实现了本社区残疾人 100% 就业，还为其他社区的 100 多名残疾人提供了就业岗位，为和谐社会建设做出了积极贡献。2002 年办拖把厂，她跑遍周围百里内的农贸市场买原料，到个体户家学技术，一家一家地推销产品；2003 年办手套厂，她说服丈夫、女儿把家搬到厂里，跟员工同吃同住同劳动；2004 年她自己垫钱购买设备原料，办起了羊绒羊毛加工项目（图 2-10）；2005 年她创办的这些厂点统称为华苑公司针织二厂，员工达到 230 人；2007 年她又在失待业人员比较集中的第七社区，建起了针织二厂分车间，新增就业岗位 40 个；2009 年她又引进电子元件加工和家政服务项目，帮助 50 多名失待业人员实现就业。他们生产的"均克"牌劳保产品，除了满足油田需要外，还远销到了金陵石化、燕山石化等企业。为解决残疾员工的食宿问题，她将自家的生活用具全部拿到厂里办起了食堂，还利用房前屋后的空地，起早贪黑地开出菜地、建起羊圈兔舍、养鱼养鸭改善大家的伙食。她既当指挥员，又当战斗员，还是住宿员工的炊事员，甚至在双休日时，还拉上自己的丈夫一起为手套厂忙活。为了便于同聋哑员工交流（图 2-11），她学习了常用手语；为了方便腿脚有残疾的员工，她将厂里有台阶的地方改为斜坡；为了员工们的身心健康，她预备了家庭药箱、坚持夜晚查铺；节假日大家离厂回家，邵均克都是给他们分好组、送上车，并打电话确认安全到家后才放心。

邵均克把每一个员工的家庭、年龄、身体、脾气、喜好等情况牢牢地记在心里，无时无刻不惦记着他们、呵护着他们。为厂里五对大龄残疾青年牵线搭桥使他们喜结良缘，给全厂员工营造了一个欢乐温馨的大家园。而她远在山东老家的老母亲患脑栓塞住院期间，她都没能陪护一个整天；后来老母亲旧病复发去世时，她也没能见上最后一面。肩负特殊使命，挥洒大爱无声。邵均克凭着一个普通共产党员的高度责任心，用女性柔弱的肩膀，勇敢地挑起了解决社区失业待业人员，尤其是残疾人就业的重担：为几近绝望的金成江，找回了生命的支点；让心灰意懒的许惠文，扬起了理想的风帆；使自我封闭多年的刘芳，拥有了快乐的生活、快乐的明天；让一对对渴望幸福的残疾男女，喜结连理，实现了家长梦寐以求的心愿。

图 2-10　邵均克（左二）传授毛衣编织技术

图 2-11　邵均克（左四）在车间为员工指导加工技术

六、采油战线的大国工匠：卢建强

中原油田采油四厂有一位"重量级"的人物。他高1.77米，体重90公斤，圆圆的脸上一双眼睛一笑起来就眯成了一条线，给人憨态可掬的感觉。就是这样一个平凡而普通的岗位工人，一人摘得中原油田能工巧匠、十大杰出青年、十大杰出创新能手、十大杰出劳动模范，河南省青年科技创新杰出奖、职工技术英杰、时代先锋青年典范，中国石化集团劳动模范、中原大工匠，全国技术能手，全国劳动模范，"中华技能大奖"等数十项荣誉，他带领团队走上人民大会堂的领奖台，他被很多人誉为矢志创新的"金牌"工人，他用自己的实际行动谱写了油田技术工人的华丽乐章。他就是中原油田采油四厂采油高级技师、集团公司采油工技能大师卢建强。

从小就有"石油梦"

卢建强出生在一个石油工人家庭，父亲是一名"老石油"，从玉门会战到逐鹿中原，一干就是40年，精通采油、地质、电气焊，谙熟设备操作与维修等"十八般武艺"，1992年取得国家首批采油高级技师职业资格。他把父亲当榜样，当一名石油工人是他的梦想。卢建强家的书柜上摆满了各种石油技术书籍。从小，受当石油工人的父亲熏陶，听着《石油工人之歌》和"铁人"王进喜的故事长大，听到人们尊敬地称呼父亲"卢工""卢技师"，看着柜子里父亲那大大小小的奖状，看到父亲拿回的印着"先进""奖品"等字样的茶缸、挂钟、背包、毛巾，他都暗下决心，长大以后要做像父亲那样的人。后来，父亲把这些技术书籍送给了卢建强，同时也把"铁人精神"和工匠精神传给了他。

1994年7月，卢建强在中原油田采油技校毕业，被分到采油四厂注水二队，成为一名注水泵工。当时，他踌躇满志，想要轰轰烈烈地干一番事业。但是，每天巡回检查、调整水量、录取运行数据的工作，让他感到既没有技术含量又枯燥乏味，没啥可学的，初当工人的新鲜劲儿渐渐消散，失落感日趋增长。注水泵工，一个为了保持油层压力和提高油层采收率，由地面把经过净化的水注入油层的工种，高温、高压、高噪声是工作的常态环境。一排七八台高速运转的高压柱塞泵，没有耳机，闷热不已，卢建强看着都有些害怕。每天关在房子里，倒班做巡回检查，录取资料，打扫泵上卫生……他感到枯燥乏味，"没啥意思"。父亲看出了他的这种失落，教导他说，要多读书、多学习，多向师傅请教，多用心去揣摩，就一定会其乐无穷。由于只有技校学历，他在理论和实际操作上经验都非常贫乏，面对生产难题经常一筹莫展。工作上的一次疏忽，使他发现自己很多都不懂，"加盘根不会，数据也不会调"。不会听电机声音，也影响着工作效率。泵阀坏了，听不出来需要把三个都掏出来，听得准只需掏一个。强烈的求知欲望，让他痛下决心做一名技术尖子。

卢建强说："父亲常常告诉我，无论做什么，要像铁人那样，对本职工作一定要认真负责。"到现在，这句话还一直激励着他。春风化雨，润物无声。父亲的言传身教，让卢建强耳濡目染；铁人的榜样作用，让他学有标杆。工作后，他就暗下决心，要学铁人做铁人，沿着父亲的足迹前行，立志扎根石油，苦练技术，有朝一日能够超越父辈的辉煌成为他心中最大的"石油梦想"。

跟着师父学绝活

卢建强的师父梁智琪有个"透视耳"的绝活，就是能用耳朵听出设备故障。知道师父的这一绝活，缘于卢建强的一次骄傲自满。

在上班的第五天，他就向师父提出要自己单独顶岗，师父答应了。他走进泵房，按照师父教的巡回检查路线，对 8 台注水泵的每一个检查点都进行了认真巡查。然后回值班室信心十足地向师父汇报：一切正常。没想到师父却又把他带到泵房，指着2号泵说，这台泵电机缺相了。卢建强不相信，师父就扳动电流换相开关让他看，果然有一相电流不平衡。这让他惊出了一身冷汗，因为电机缺相容易造成烧电机事故。

卢建强问师父："你连泵房都没进，是怎么知道电机缺相的？""听出来的。"看着师父的绝活，想起父亲的教导，卢建强对自己的自满感到羞愧。下定决心从基本功学起，一定要把师父的绝活学到手。为了练成和师父一样的听力，卢建强经常在注水泵旁边一站就是五六个小时，久而久之，终于也像师父一样练就了"透视耳"——只要围绕注水泵转一圈，就能听出哪个部位正常、哪个部位有问题。师父经常告诫他，机器设备和人一样是有灵性的，要想弄懂它们的脾气，就得先了解每一个部件。

有一次，一个注水泵的电机在运转中出现电压不稳，厂家专业人员检查说需要更换励磁，但是需要5000元修理费。卢建强在现场听了听，断定是接线柱受潮氧化导致接触不良，不是大毛病，建议厂家技术员打开励磁部分进行检查。结果判断正确，厂家技术员服气地走了。

勤学苦练"做状元"

卢建强刚工作时，父亲常对他念叨："好记性不如烂笔头，要多学习，多思考，把东西记在本子上，以后忘记了翻翻本子还可以想起来。"卢建强记住了父亲的话，针对自己理论和实际操作匮乏，他工余时经常跑书店购买、阅读采油、注水等专业书籍，到兄弟单位工地学习观摩，请教同行，多年来共涉览各类专业书籍150多套，记下读书笔记120万字。

为了提高自己的专业素养，他报名参加了西安石油大学安全工程大专函授课程、中国石油大学安全工程本科函授课程，取得西安石油大学安全工程大专学历和中国石油大学安全工程本科学历。

卢建强上班时跟师父学习，下班后与父亲切磋，每天围着石油转。为了弄清柱塞泵的内部结构和工作原理，他找队上技术人员借来柱塞泵的结构图，利用业余时间反复研究。为了清楚地了解柱塞泵的内部细节，他还留心打听，得知哪个站上柱塞泵大修解体，就跑过去一面仔细观察，一面见缝插针地动手帮忙。到了晚上，他就把自己关在小书房里看图纸、查资料。一次住在前楼的邻居问他的爱人："你老公是个'网迷'吧？每天晚上我都睡醒一觉了，抬头还看到你家小屋亮着灯呢。"爱人笑着说："他在书里找他的黄金屋哪。"寒来暑往无数个夜晚，卢建强都是在学习中度过的。经常有人问卢建强："你就一个普通工人，这么苦学有啥用，顶到天你还不只是一个工人！"可卢建强不这么想，他常说："学了不一定有出息，不学就一定不会有出息。"工作之余，他先后自学了《机械制图》《机械设计》《电子技术基础》等多门专业知识，他逐渐总结出了"看、听、练、研""四字"学习法，实现了技能与学历提升双丰收，先后取得采油工、注水泵工、采油地质工、水质化验工等四个岗位资格证书，成为岗位上的多面手。

2002 年，卢建强被推荐参加厂工人技术比武。他抓住这个检验和提高自己的机会，白天练习实际操作，晚上挑灯夜战，查阅资料。炎炎夏日，热气逼人。他坚守在练兵房，脖子上搭条毛巾，汗水湿透了衣服。中午，别的选手都走了，他仍然在工房反复练习。饿了，就买份凉皮吃，困了就在凳子上打个盹儿。付出总有回报，在激烈的比赛中，他战胜众多选手，成为注水泵工"技术状元"，并在此后四年蝉联该项冠军。2006 年，他代表采油四厂参加中原油田第八届工人技术比武，取得油田注水泵工第一名。凭借过硬的技术本领和出色的工作表现，他于 2005 年成为采油四厂建厂以来最年轻的工人技师，于 2008 年成为中原油田技术工种带头人。随后，卢建强先后两次代表油田参加中国石化集团公司工人技术大赛，荣获集团公司技术能手、全国技术能手称号。他先后在《石油机械》《石油技术监督》等刊物发表专业论文 21 篇，编写并出版了《注水泵工》视频教程和《油田标准化教程（采油工）》等 4 部教材，填补了国内该项教程空白。

石油石化属高危、高风险行业，如何有效管护众多的油气开采设备，确保油气生产安全高效、节能环保运行，始终是压在卢建强肩上的"千斤重担"。为把知识和技能转化为解决实际问题的本领，他坚持学用结合、刻苦钻研，逐渐摸索出了一套以"望、闻、听、摸"为要诀的设备故障"四字"诊断法，对采油、注水、集输等设备故障及时准确判断，同时也征服了一套又一套进口设备，成功排除各类设备故障 2200 余次，被基层员工亲切地称为"技术 110""设备 120"。

2006 年，企业从美国成套引进压缩机组，在中原油田进行国内首个天然气驱先导试验，该型压缩机组安全高效运行是一项高风险、高难度的工程，国内外尚无先例。他参与优化操作规程，研制改进了压缩机各级气阀、密封件等配件 18 项，打破国外技术封锁，产品各项性能指标达到国外同类先进水平，价格降低了 35% 到 50%，实现了亚洲最大的注气压缩机组高效运行。

矢志创新当"专家"

提到创新、搞发明，很多人都会觉得遥不可及，认为自己文化低、知识少，难以胜任。然而一件偶然的事情，使卢建强对技术创新产生了兴趣。那是 2002 年 7 月，在一天早晨的班站长会议上，队长表扬一名小班工人在注水泵温度不正常的时候坐在一旁观察泵温变化的话语，令卢建强突发奇想：泵温不正常，工人守候一旁，既不安全也在无形中增加了劳动强度。如果能找到一种泵温自动报警装置，那不就使问题迎刃而解了吗？在工作的间隙，他回想起了哥哥在熬中药时将水温控制在 70—90℃ 之间的做法。灵感由此而得，他很快就研究出了柱塞泵温度控制技术，泵温达到 80℃ 时报警，达到 85℃ 时自动停泵，现场应用见到了良好效果，当年就创效 30 多万元。他据此写成的《柱塞泵温度控制技术开发与应用》一文一炮走红，获得油田职工创新创效三等奖。

首次革新带来的喜悦让他兴奋不已。从那以后，在工作中遇到问题，他总要先问自己几个"为什么"，然后想"怎么办"，千方百计找出攻克难关的办法，甚至到了痴迷的程度。有工友打趣地说："有人上网有网瘾，有人吸烟有烟瘾，卢建强是创新有瘾！"针对高压注水站具有高压强、高转速、高电压、高噪声的特点，他采用较为先进稳定的 KS-200B 无线发射系统，研制出高压注水站无线安全监控系统，实现了小班工人在值班室就可 24 小时不间断地对站内注水系统 46 个安全点进行监控，大大提高了高压注水的安全系数。该成果获河南省安全科技进步二等奖。

注水站炎热的操作间里那个汗流浃背的人是他，深夜安静的书房内孜孜以求地学习的人是他，下班路上骑着自行车若有所思的人还是他。这位普普通通的一线石油工人，用自己的智慧和汗水，沿着科技创新的道路不断向前。由于控制水套炉温度都是靠值班工人手动调节的，既不便于工作，天然气浪费也很严重，于是，他就想研制一套既能满足生产需要，又能节省天然气的自动温控设备。为了弄清内部构造和原理，他把自家烧暖气的壁挂炉给拆了，致使家里连续挨冻好几天，最后还花了 2000 多块钱，才把壁挂炉修好。现在，每次提起这些，他的妻子总是既无奈又支持。由于在原油集输到联合站的过程中，输油温度不稳定，影响原油的破乳效果和产量的计量，容易造成干线回压高，甚至发生管线堵塞事故。他通过研制分离器燃气节流装置、燃气净化装置和燃气自动控制装置（图 2-12），保障了输油温度稳定，减少了燃气消耗。该项成果荣获国家级、石油工业质协和油田优秀 QC 成果一等奖。

　　然而，创新并不总是一帆风顺的。记得在《压帽式泵阀》的研制过程中，光方案的设计，卢建强就用了足足两个月的时间。面对众多的机械、电路、设计等新知识、新领域，一到周末，他不是到三才书店查找资料，就是到濮阳一家机械制造厂找专家请教。为了搞清楚弹簧的物理性能、螺纹的强度，一次次被挡在门外，一次

图2-12　卢建强（右）和同事研究改进自动计量装置

次真诚求教，最终感动了厂家一位资深的机械专家，在技术上给予了他毫无保留的帮助。经过 30 多次的试验、改进，他研制出的压帽式泵阀使用寿命达到了 720 小时以上，并获得国家知识产权局授权。只要是外出，他总会挤出时间到电子市场转一转，看到对自己有帮助的电子产品，总要自己花钱买下来，少则三四百元，多则几千元，从来没有心疼过。这个习惯至今卢建强还保持着，他说："与创新有关的好多设备都是在逛街的时候买到的，看着商店里摆放的仪器，我就感到分外亲切。"凭借坚持和永不气馁的精神，2003—2013 年，卢建强先后主持、参与完成技术革新成果 100 余项，提出合理化建议 500 余条，解决现场技术难题 120 项，获得油田创新成果 31 项、省部级创新成果 11 项，国家创新成果 4 项、国家专利 46 项，累计创效达 3800 多万元，被职工誉为"金牌"工人、"革新专家"。

兵头将尾显身手

1996—2010 年的 14 年，是卢建强人生中最宝贵的年华，而他又从事的是注水站站长这个朴实无华的工作。虽然只是兵头将尾，但责任也不小。为了把站上班组每个人的积极性调动起来，他一方面刻苦学习业务技能，努力做到让班组同事信服；另一方面坚持以身作则，脏活、累活带头干，并真诚地和站上同事交朋友。14年里，他先后在5座注水站当过站长，每到一个站，都得到了站上同事的全力支持。2004年，他调任采油四厂53号注水站的站长，为了让这座厂标杆站管理水平更上一层楼，他积极进行班组管理创新，组织全站员工共同讨论确定了"打造非凡团队，建设一流泵站"的班组愿景，制定了《班组学习考核奖励制度》《班组基本功培训管理办法》《班组技术革新制度》等一系列激励措施，使学习成为助推班站创新管理的"催化剂"。每周三，身为站长的他，还会将站上的职工约到一起，从工作、生活、思想各个角度出发，与大家沟通交流、深度会谈，将班组锻造成了具有创新精神、不断进取、竞争力强的优秀团队。为了使大家学有措施、赶有目标，他摸索设计出由职工个人档案、个人愿景、年度创争实录、年度成长史等四个部分组成的《职工个人职业生涯发展书》，从个人爱好、岗位特点、个人优势和劣势入手，规划了每个人的三年发展目标和年度发展目标。这个做法早已在采油四厂，乃至整个中原油田被推广。他所带领的53号站，先后获得了"中央企业学习型红旗班组标杆""河南省工人先锋号""河南省青年文明号""全国石油工业质量信得过班组""全国石油工业质量管理优秀班组""石油工业质量管理优秀班组"等多项荣誉称号，用实力证明了小站也有大作为。

一花独放不是春，百花齐放春满园。卢建强利用自己学到的理论知识和技能，积极开展传帮带工作，他利用业余时间查阅大量资料，编写专用教材，融汇了自己多年的实践经验和体会。他常常是白天忙工作，晚上整理教材到深夜。现场示范，毫无保留，有求必应，把自己的技术与大家一起分享。2007年以来，他先后带徒10多人。其中徒弟李建军在第九届工人技术比武中获注水泵工第一名，2人取得注水泵工技师资格证；周玉国、李艳敏、周志峰、李华君在他的帮助指导下，获得国家级创新成果1项、局级创新成果3项、厂级创新成果12项。

犒劳妻子"庆功宴"

2006年的一天傍晚，采油四厂刚举办过技术比赛颁奖仪式，第四次获得注水泵工"技术状元"称号的卢建强回到家里便为妻子举办了一个"隆重"的庆功晚宴。

"开饭啦！"一声店小二般的长调，一桌丰盛的晚餐，在卢建强的标准邀请姿势引导下，妻子李艳慧牵着连蹦带跳的儿子，抑制不住满脸的喜悦来到席间。卢建强为妻子斟上一杯红酒，深情地说："为你庆功，这技术状元的奖杯有一半功劳是你的,干杯!"

在卢建强家,这是一个延续了多年的惯例。每逢他在工作中取得了成绩,总是要亲自下厨做一桌可口的饭菜为妻子庆功。他深知,这几年为了自己的事业,妻子独自挑起了家庭的重担。

提起卢建强,采油四厂2600多名员工中不知道这个名字的不多,虽说他只是一个普通的注水泵工,但是这几年来,他连续四年荣获该厂的注水泵工"技术状元"称号,因多达12项局、厂级创新成果而被授予"创新能手"称号,一个个奖杯、一项项成果、一个个光环总是光顾这个年仅30岁的年轻人。因此,"状元""能手"好像成了他的代名词,无论走到哪里,总能听到这样招呼的声音。但是,在卢建强听来,还有一个名字听着最顺耳,那就是妻子喊他的"胖子"两个字。

说起卢建强的胖,在采油四厂他也算得上重量级人物。一米七几的个头,180多斤的体重,无论走到何处,人还未到,先听到的却是咚咚的走路声。也正是因为他的胖,在成长的道路上付出了比其他人更多的艰辛。每一次技术状元的夺得,每一项创新成果的研制,比别人多流多少汗,多瘦几斤肉,妻子李艳慧的心里最清楚。

"白灯红衣总相伴"。卢建强总是喜欢这样评价自己的妻子。李艳慧和他一样,同是这个厂注水队的职工,因此帮他抄笔记、画图纸是常有的事儿。2004年,该队改造了一批新型注水泵头,新设备在提高注水效率的同时也带来了一个难题——泵阀易损坏。爱钻研的卢建强立即瞄上了这个项目,找来泵头结构图,买来《机械制图》等理论书籍展开了钻研。白天干活的时候他对着泵头一盯就是老半天,内部几个台阶、多少丝扣给弄得清清楚楚。晚上回到家里又写又画,每逢这时,妻子总是早早地哄睡孩子,端上一杯热茶静静地坐在旁边帮他整理资料。经过3个多月的反复设计,他终于研制成功了与之配套的新型泵阀,较好地解决了因泵阀易损坏而降低注水效率的难题,年降低费用高达30多万元。这项成果也因具有较强的推广使用价值而一举获得中原油田职工经济技术创新成果一等奖。

2006年,卢建强第五次参加该厂举办的职工技术大比武活动,按说已经参加过两次油田举办的职工技术比武、四次厂级技术比赛的他,稍加复习锻炼就可以轻松应对了,但是他仍然一丝不苟,和第一次参加技术比赛一样,别人练习一遍,他就练习两遍。有时候站上工作忙了,他就趁着别人中午休息的时候练习,每逢这时,妻子总是把可口的饭菜送到培训基地。夫唱妇随,不知惹红了多少双羡慕的眼睛。也有人说卢建强想出风头，有目的。每每这时，他总是毫不在乎地说："我浑身上下都是肉，干啥活儿都不利索，再不下功夫练习练习，考试不好都对不起媳妇为我做的一日三餐。"说这话时，卢建强满怀深情。功夫不负有心人，付出和回报总是成正比的，卢建强终于实现了注水泵工技术状元四连冠的夙愿。一下领奖台，他就匆匆往家赶去，用锅碗瓢盆的实际行动犒劳家里那位特殊的"陪读生"。

团结协作共进步

2010 年 2 月 2 日，这是令卢建强终生难忘的日子，这天是他接到厂聘任他为"首席技师"通知的日子，好消息传遍全厂每一个角落时，周围的同事、朋友都向他投来羡慕的目光，有人说："建强，这么多年的辛苦没白费。"卢建强心里明白，这是组织上对自己多年付出的肯定，同时也是一种鞭策。从注水站站长调任培训考核站工作，从基层到机关，从面对五六名班员，到负责全厂千余名青工技能培训，如何实现自己工作角色的转变，如何利用自身优势传帮带，如何将创新理念应用于生产难题，卢建强横下一条心，"学习创新不停步，团结协作共进步"！

众人拾柴火焰高，卢建强牵头召集 5 名高级技师和 10

名技师组建了"卢建强学习创新工作室"（图2-13），他要将自己多年的学习创新经验毫无保留地传授给更多的人，与他人取长补短，在更多领域取得更好的成绩。他以学习创新工作室为平台，通过合作攻关生产难题，一年多来取得各类创新成果47项，其中国家专利2项，国家级QC成果2项，省部级QC成果奖4项，省部级安全科技成果1项，厂级职工创新成果奖22项，厂级职工献计献策奖35项。创新载体，建立"卢建强网络学习创新平台"，将学习创新工作室现场攻关或重点工作示范性要领等及时上传到网站，方便更多职工实现网络下载学习。工作室成立以来，已解决现场疑难问题12项、老大难等重点生产问题30余项。他带领工作室成员发挥自身技术优势，积极开展导师培训和名师带徒，共组织开展厂级各种培训班33期2500多学时，培训员工1200多人次。在参加厂2010年度技术比赛的378名选手中，有62名选手脱颖而出获得了厂级规定的各工种名次，169名选手取得了双及格的好成绩。另外，还有87名成绩优异的选手被推荐参加油田技能竞赛，其中11人取得了油田较好名次，并获得了采油工团体赛第3名，有1名选手摘得了集团公司采油工技能竞赛铜牌。

　　2010年4月，卢建强受命主持创建中国石化集团公

图 2-13　卢建强在创新工作室测量并设计部件

司首家技师工作站。3年来，他集合众智，奋力攻关，完成厂级以上技术创新成果359项，申报专利56项，解决现场技术难题360项。发挥技师工作站人才集中、技术集中、学习集中的优势，开展导师带徒活动，让更多蓝领"破茧成蝶"，他们有的从普通技术工人成长为独当一面的技术能手，有的走上管理岗位，成为众多职工追捧的技术"明星"。

2014年，在整合技能大师工作室、技师工作站等培训资源的基础上，创建了TSI工作室，集全员培训、安全生产、创新创效三位于一体（图2-14），成为员工模拟操作、技术培训、科研创新的重要平台。工作室每年培训员工2000人次以上，解决生产经营难题300个以上，完成创新成果60项以上，先后培养出86名技师、高级技师，35名油田及省部级技术能手。"卢建强学习创新工作室"被中国能源化学地质工会命名为全国能源化学地质系统"职工创新工作室"，被河南省总工会命名为"河南省职工学习工作室示范点"，被人力资源和社会保障部、财政部命名为"国家级技能大师工作室"。2013年3月，卢建强获得国务院政府特殊津贴（图2-15），接受了国家对一名知识型产业工人的嘉奖。当问到他的感受时，他说："我热爱自己的工作，从中我体味到了快乐和幸福，我愿

图 2-14 2016 年 11 月，各油田 "能工巧匠" 在 TSI 工作室开展技术交流活动

为石油事业奉献自己的全部力量，创造出属于我们技术工人的精彩！"

2015 年 3 月，他获得 "加油中国，传承铁人" 优秀人物荣誉称号。

图 2-15　卢建强领到了国务院政府特殊津贴证书

党委发文向他学

2016 年 12 月，中共中原石油勘探局委员会做出关于向卢建强同志学习的决定。决定指出："卢建强，男，汉族，1975 年 6 月出生，中共党员，中原油田采油四厂采油高级技师、中国石化集团公司采油工技能大师。近年来，他先后获得中国石化杰出青年创新创效奖、河南省中原技能大奖、中央企业劳动模范、全国技术能手、全国劳动模范等荣誉,享受国务院政府特殊津贴。2016年12月,他荣获第十三届'中华技能大奖',成为近4年来石油石化系统唯一获此殊荣者,受到党和国家领导人的亲切接见。"

"卢建强同志1994年参加工作以来,始终坚守在采油生产第一线。他立足岗位练技能,执着拼搏解难题,勇于创新攀高峰,从一名普通的采油工人成长为石油石化行业高技能领军人物,为油田提质增效、创新发展做出了积极贡献。他以自身的实际行动,诠释着劳动光荣、创造伟大的价值理念,传承着'三老四严''四个一样'的优良传统,展现了石油石化工人的崭新形象,树立了干部职工学习的榜样。"

"学习卢建强同志忠诚企业、恪尽职守的奉献精神。卢建强同志怀着对党的忠诚、对事业的追求、对工作的热爱,22年如一日,爱岗敬业、勇挑重担,立足岗位、主动作为,为解决生产技术难题,促进安全高效开发贡献了聪明才智。他自觉践行共产党员的先进性,感恩油田、忠诚事业、热爱本职,多次拒绝外部企业高薪聘请,毅然扎根生产一线默默耕耘;多次谢绝外部厂家专利技术商业合作邀请,并把全部专利技术无偿奉献给了油田。学习卢建强，就要像他那样，自觉把报效国家、发展事业当作人生理想，把扎根一线、多做贡献作为人生追求，把个人成长与企业命运紧密联系在一起，在油田改革发展实践中施展才华、建功立业。"

"学习卢建强同志勤于实践、执着专注的敬业精神。卢建强同志善思考、勤实践、重实干，总是尽心尽力地干好每一件事、做好每一项工作。为准确判断设备故障，他在注水泵前一站就是三四个小时，摸索出望、闻、听、摸'四字'诊断法。为解决抽油机能耗高的问题，他对单位抽油机逐一调查，研制出'双功率'拖动技术，使综合能耗下降 14.5%。为解决高压柱塞泵阀使用寿命短的问题，他经过 6 年坚持不懈地研究实验，研发了曲轴箱机油恒温控制技术，将大修周期由 4500 小时延长至 35000 小时，在全国油田系统推广应用。学习卢建强，就要像他那样，始终保持坚韧不拔、久久为功的韧劲，脚踏实地，埋头苦干，勤勉敬业，顽强拼搏，一丝不苟地对待每一项工作，严谨细致地完成每一项任务，精益求精地干好每一项工程。"

"学习卢建强同志刻苦钻研、勇攀高峰的创新精神。卢建强同志立足小岗位、着眼小问题、重视小创造，潜心钻研、刻苦攻关，解决了一个又一个现场技术难题，在平凡的岗位上创造出不平凡的业绩。他把练好基本功作为创新的基础，通宵达旦、精雕细刻地坚持操作训练。他把生产实践难题作为创新的课题，痴迷研究、倾心攻关，先后完成国家级创新成果 5 项，油田及省部级创新成果 41 项，国家专利授权 91 项，多个项目填补了国内外空白。他主动打破国外技术封锁，研制进口天然气压缩机组配件 18 项，主要性能指标达到国际同类产品先进水平。学习卢建强，就要像他那样，瞄准东濮挖潜稳产、普光高效开发、内蒙古勘探突破的目标，以精湛的技能、高超的技艺担当创业创新创效重任，集中精力、刻苦钻研，苦心孤诣、敢为人先，力争早出成果、多出成果、出好成果。"

"学习卢建强同志团结协作、互促共进的团队精神。卢建强同志常说：'一人进百步，不如百人进一步。'他胸怀宽广、甘为人梯，毫无保留地将所学知识和技术传授他人，先后培养出技师、高级技师 86 名，油田及省部级技术能手 35 名。他创建全国油田企业首家技师工作站，发挥高技能人才的'集聚效应'，实现了协同创新、联合攻关和知识共享，被评为'国家级技能大师工作室'。以他名字命名的'卢建强学习创新工作室'，每年培训创新人才 2000 余人次，先后解决现场技术难题 1100 余项，被授予'全国能源化学系统示范性劳模创新工作室'。学习卢建强，就要像他那样，增强团结协作意识，传授技艺、共同提高，集思广益、合力攻坚，为油田培养更多'能工巧匠'，打造更多创新团队，筑牢油田持续发展的人才根基。"

习近平总书记在同全国劳动模范代表座谈时强调：建设工业强国，就要有很强的技师技工队伍。当前，油田正按照集团公司党组的要求，加快"转方式调结构、提质增效升级"进程，迫切需要弘扬"劳动光荣、知识崇高、人才宝贵、创造伟大"的时代主旋律，迫切需要构建"大众创业、万众创新"的支撑平台，迫切需要造就一大批卢建强式思想过硬、技术精湛、作风优良的高技能人才（图 2-16）。各级党政组织要大力宣传卢建强同志的先进事迹和可贵品质，积极营造尊重劳动、尊重知识、尊重人才、尊重创造的良好环境。要把培养高技能人才作为实施"人才强企"战略的重要内容，进一步完善措施、搭建平台、畅通渠道、创新方式，为人才加快成长、创业创新、服务油田，提供更多机会，促进各类人才持续涌现、脱颖而出、全面发展。广大干部职工要以卢建强同志为榜样，学先进、查不足、补短板，练硬功、干实活、比奉献，争做学习型、知识型、创新型、事业型高素质人才，为推动油田持续健康发展做出新的更大的贡献！

图 2-16　2016 年 12 月，卢建强（前排右二）荣获第十三届"中华技能大奖"

用好人生"三个梯"

无论读书还是学技术，只要方法得当，就能够达到事半功倍的效果。卢建强的学习方法就是坚持用好"三个梯"，做到"四勤一坚持"。

他说的"三个梯"，一是选好"书梯"，二是借好"人梯"，三是用好"岗梯"。所谓"书梯"，就是多读书。他立足自己的工作岗位，有选择地看书学习，读有用的书，取得了更大的技术进步。借好"人梯"，就是要不耻下问。在他的周围，许多师傅和同事都积累了不同的工作经验，都有解决工作难题的高招。他把他们都当作自己的老师，虚心向他们请教，把他们的经验转化成自己的本领。用好"岗梯"，就是要立足岗位，多干事、干好事、干成事，把每一个岗位都当作"充电""加油"的机会。

四勤，就是勤干、勤记、勤问、勤总结。他始终坚持多记笔记，将学到的、看到的、听到的设备故障原因、修理过程、注意事项等技术知识，都一一记在笔记本上、存到电脑里，如今卢建强的硬盘里已经积累了超过 2T 容量的技术资料，成为他搞技术创新的资料库。

学习不是一朝一夕的事，也没有捷径可走，所以，坚持做到很重要。活到老学到老，平凡的一句话，道出做人大意境。

进取追求不止步

在他成长成才的道路上，父亲教会他读书，师父传授他技术，书本给了他受益终生的养分，让他得以在技术革新的殿堂里创新创造，从一名普通注水泵工成长为采油工技能大师，用技术创新为祖国献石油。

注水泵维修是一个力气活儿。一个注水站每年都要进行约 50 次的设备拆卸。人拉肩扛，吊车齐用，费时费力。2016 年 9 月，卢建强研发应用"泵机组位移装置"，不仅大大降低了劳动强度，而且每年可节省费用 30 多万元。

从 1994 年参加工作至今，卢建强刻苦钻研，先后解决现场技术难题 2000 多项，完成 200 余项技术革新，获得授权的国家专利 96 项，省部级创新成果 13 项，国家级创新成果 5 项，有 160 项成果在全国油田推广应用，累计创造经济效益 2 亿多元。

科技创新带来荣誉无数。"全国劳动模范""全国技术能手""中国石化技能大师""中原技能大奖获得者""中原大工匠"等光荣称号凝聚成他人生的一道道美丽光环，中华技能大奖被称为中国产业工人界的"诺贝尔奖"，他2016 年荣获第十三届"中华技能大奖"，成为 4 年来全国石油石化系统唯一获此殊荣者。

多年来，卢建强的事迹被《人民日报》、《光明日报》、

《工人日报》、《河南日报》、新华网、中工网等多家媒体广为刊登。

不忘初心，方得始终。梦想就像一粒种子，一旦生根发芽，就会迸发出不可想象的力量。卢建强从立志做"能工巧匠"到成为"大国工匠"，他所传递的正能量，正激励着新时代石油工人学习钻研、岗位创新、放飞梦想。

七、创新不止的"采气状元"：王红宾

从 19 岁参加工作起，他就立志技术报国。怀着这个理想，他不负光阴，砥砺前行，努力学技术、刻苦练技能，从一名技校毕业生成长为政治思想合格、专业技术过硬的石油工人。2018 年，王红宾获得集团公司采气工技能大师称号。先后荣获河南省劳动模范、中原大工匠、中央企业劳动模范、全国劳动模范等 21 项局级及以上荣誉称号。他就是王红宾，中原油田采气专业首席技师。

出身"油二代"

王红宾的父亲是一名采油工，像父亲一样成为一名出色的石油工人，是他从小的梦想。

他家里至今珍藏着一张 30 多年前的旧报纸，上面有一幅照片：蒙蒙细雨中，一位石油工人攀爬在采气树上，

手抬防喷管，正在全神贯注地安装测试工具。他的脸庞上沾满了雨水，眼神明亮，神情坚毅。

这位石油工人就是他的父亲。作为一名"油二代"，在王红宾的记忆里，父亲干活从来不怕脏、不怕累，每次下班回来，他都能闻到父亲身上散发的那股独特的"油气味"。

在父辈爱岗敬业、无私奉献工作态度的熏陶下，王红宾从小的梦想就是当一名兢兢业业的石油工人，像铁人王进喜一样，为祖国石油事业贡献自己的一份力量。

1986年，王红宾17岁，父亲送他去上石油技校。父亲叮嘱他，要想当石油工人，就要老老实实学技术。两年后，他从石油技校毕业，被分配到中原油田原天然气公司文留采输气大队。

第一次来到生产现场，面对复杂的工艺流程，他的第一反应就是惊呆了。因为现场有很多东西对他来说十分陌生，有的一知半解，有的根本就不懂，不知道从哪下手。没有松柏恒，难得雪中青。世上事，最怕"认真"二字！

勇当"气状元"

纸上得来终觉浅，绝知此事要躬行。他意识到自己在实践上存在不足，赶紧收起漂浮的心，把生产现场当成家，把井场当成自己的工作台，跟着师傅当学徒，扑下身子在生产中学技术、长知识。为了尽快熟练掌握生产技术，他一边查阅大量资料，一边留心观察每条管线、每台设备、每块仪表的工作状况，不懂的就请教师傅，遇到技术难题就往里钻，直到吃透弄懂。

有一回，在学习地层水 Cl^- 滴定的时候，由于滴管的旋塞阀渗漏，渗出的硝酸银很容易腐蚀双手，大家都不愿进行这项操作练习。他自告奋勇，第一个上场练习操作。

为了减轻腐蚀伤害，他接了一盆清水放在旁边，边练习边洗手，但双手还是被腐蚀黑了，时不时就要蜕一层黑皮。经过一次次练习，他最终熟练掌握了这项操作技能。

凭着一股子拼劲勤学苦练，他终于用最短的时间完成了从"动动笔"的学生向"动动手"的工人的转变，成为一名合格的采气工。同时，也为参加技能大赛和技术创新、发明创造打下了基础。

1991 年，他第一次参加全国采气工技能大赛，取得双及格；1996 年，在中原油田首届采气工技能大赛中，他夺得采气工第一名，同年评为采气工技师。

为了进一步增长知识、提升技能，他先后自学了《采气工程》《渗流力学》《天然气计量》等课程，并广泛运用到实践中，掌握了更为扎实的采气操作、气井管理技能，在 2000 年被评为中国石化集团技术能手。

王红宾作为油田培养的第一批从事采气的技术工人，参与我国东部最大的整装砂岩气田——文 23 气田开发。在气田开发早期，气井运用加砂压裂增产措施后，压入地层的一部分砂随天然气冲蚀地面设备，采用小产量生产减少砂对地面设备造成损坏，严重制约气井产能的发挥。他在井口采气树上设计安装防砂气嘴，在进站管线上设计安装过滤式防砂器，做到了对天然气携带砂的二次拦截，在文 23-1 井应用，年增气量 2880 余万立方米，防砂气嘴获得国家实用新型专利。2002 年，针对常规气田开发后期气井出现的井筒结盐、积液等制约气井生产的技术难题，他研究制订了一套系统的"高压气回注降井筒液面复产法"，有效解决了文 23 气田积液问题。后来又研究制订"一井一策""双翼油套连接""泡排 + 间歇气举"等措施方法，解决了 59 口气井结盐、积液问题。在气井生产复线连接中设计了 6 种连接形式，可采用注水防盐、气举排液等 7 种气井故障治理方式，恢复气井产能，确保文 23 气田开发后期的平稳生产。多年来，在常规气田解决生产难题 150 余项。

他经历了中原油田文 23 气田开采的整个生命周期，通过不断地学习新技术促进技能提升，当上了名副其实的

"采气状元"，实现了"像父亲一样成为一名出色的石油工人"的梦想。

挺进大巴山

人生只有走出来的美丽，没有等出来的辉煌。王红宾深知这一点。2012 年，普光气田开始投入生产，这是国内最大的整装海相高含硫气田。普光气田地处川东北，位于大巴山区，是我国在新生代海相整装气田勘探开发方面取得的重大突破。这块气田虽然储量丰度高、气藏压力高，但是因为天然气高含剧毒硫化氢，国内没有成功开发先例，大规模开发还属于世界级难题。"在普光建设期间，请来外国的专家前来指导，外国专家扬言国内不具备开发大型酸性气体的条件。"因为地质构造复杂、施工条件恶劣、安全风险高，国内外均没有现成的理论技术、配套装备、施工经验等可供借鉴。

中原油田接过了中国石化集团公司交给的开发建设普光气田的重担，2012 年开始组建队伍准备普光会战。将军总是知道自己的战场在哪里，王红宾的心开始跃跃欲试。刚评上油田采气专业首席技师的王红宾，也报了名。

他离开生活工作了 30 多年的中原故土，告别熟悉的家乡和朝夕相伴的亲人，不远千里赶赴巴山深处。

刚刚落脚，来不及欣赏巴蜀大地的壮美山河，他就被叫到采气厂领导办公室。"王大师，集气总站、普光采气区和大湾采气区，您想在哪里开展工作？"厂领导征询了他的工作意向。

王红宾毫不犹豫地选择了最为偏远的大湾采气区。"我们工人的特长就是操作，发挥作用的舞台就在现场。那时大湾区块正处于产能建设阶段，我想利用自己的专长，尽快掌握世界上最先进、最艰险的采气技术！"已经四十多岁的王红宾一腔豪情依旧不减当年。

为了补齐高含硫采气这块短板，王红宾来到大湾401集气站，从小班开始做起。

二十多年的从业岁月会改变很多人和事，王红宾的脸上有了皱纹，头上有了白发，但这种一丝不苟的工匠精神却一如既往地延续下来，贯穿在他的工作和生活中，始终不移。

投身四川普光气田开发主战场，用自己掌握的采气技术开采天然气，打破设备技术垄断，王红宾用持续技能提升和技术创新实现奉献清洁能源、为国家加油打气的人生梦想。

在这里，他遇到了一个大难题：硫化氢100ppm（1ppm为百万分之一）是人体的危险临界浓度，而普光气田天然

气中硫化氢的平均浓度为 150000 ppm，一不小心就会快速
死亡。进入现场作业必须佩戴空气呼吸器才能达到安全防
护级别要求。要想胜任这里的工作，就必须用最短的时间
通过学习补齐高含硫采气这块短板。

他在最短的时间内找齐所有的设备说明书和技术协
议，逼着自己白天学习各项采气操作流程，晚上挑灯研究
技术协议和操作说明。当时采气设备很多都是进口的，说
明书也是全英文的，他在不到一个月的时间里翻烂了一本
《英汉大词典》，终于掌握了所有采气设备操作要领，也为
进一步技术创新打下了坚实基础（图 2–17）。

图 2–17　王红宾在检查酸性气集输管道放空控制阀

打破"洋垄断"

普光气田有 61 口气井、29 座集气站和 83 千米输气管线。从井中涌出的天然气压力高达 30 兆帕，相当于指甲大的地方承受 300 千克重力。井站、管线上数以万计的密封点，如果哪一处不严实，剧毒天然气就会呼啸而出。

安全阀是采气设备上的重要零部件，每台售价 20 多万元，而且全靠进口。日积月累，普光气田更换下来的安全阀最多时有 300 多个。一台安全阀如果送国外厂家维修，需要 3 个月到半年的时间，周期长费用也不低，假如每年损坏 10 个左右的安全阀，光维修费就得六七十万元。

打小跟着父母精打细算过日子的他很心疼。2016 年初春的一天，王红宾看着一堆被栅栏围着的旧安全阀，心急如焚，他坚信自己一定能用自己掌握的技术治好这些"洋玩意儿"。国内没有拆卸这种安全阀的专用工具，他把各种能用的工具试用了一遍，最后用管钳和压力杆组合的方式，终于拆开了安全阀。仔细观察研究，找到了症结——阀座和阀瓣间因有沙子侵入，产生轻微压痕，导致密封不严，阀中阻隔酸气的波纹管裂得不成样子。如果解决了密封问题，再把阻隔酸性气体的波纹管换掉，更换下来的安全阀就可以继续使用。他用细砂纸打磨阀座，在研磨盘上涂上研磨膏，沿着"8"字轨迹反复研磨。压痕没了，王红宾又对研磨面进行抛光，对阀座、阀瓣试压、验漏。5个小时后，密封问题解决了，半拃多长变形的波纹管仍被内置式螺母死死地反扣在阀底，对此王红宾顾不上喘口气，又鼓捣起拆卸波纹管的工具。一晚上，他连画7张图，每张都像"蜘蛛网"。第二天，拆卸工具加工出来，王红宾仅用3分钟便更换完波纹管，解决了波纹管更换难题，最终打破了这项技术的"洋垄断"。这次成功的"手术"，让他更加坚定了技术自信，也进一步增强了创新意识和勇气。此后，他一鼓作气，修复了17台安全阀，节约成本300余万元。

探测管线内腐蚀用的金属挂片原是进口产品，当两片挂片并列固定在一起，受到强劲的气流冲击后，容易偏向一边，造成腐蚀不均匀，影响探测精度。不仅如此，一些挂片脱落后，堵在阀门里，致使管线堵塞和阀门损坏。2016年初秋，王红宾驾车时从车轮自动复位中突获灵感。他设计的旋转式腐蚀挂片，受力均匀，不易脱落，再一次打破国外垄断。

站场用的隔膜压力表检定报废得多，他就带领高技能工人对检定不合格的600余件阀门、仪表进行维修，通过拆洗、维修、组拼等措施，修复利用率达70%。经过一步步的摸索，他掌握了安全阀、流量计等进口设备的维修保养技术（图2-18），年创效益800余万元。8年间，王红宾钻坚研微，攻克310个制约气田平稳生产的技术难题，取得旋转式管线内腐蚀监测金属挂片等15项国家实用新型专利。王红宾的创新技术和方法打破了"洋垄断"，在普光气田扎根，在油田推广，为长江沿岸经济发展源源不断地输送清洁能源。

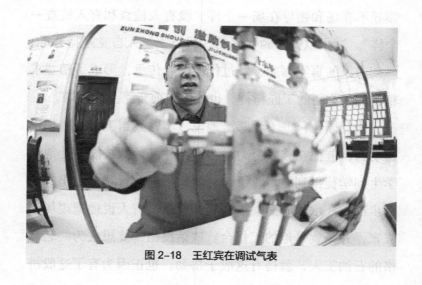

图2-18　王红宾在调试气表

学做新铁人

以"爱国　创业　求实　奉献"为核心的大庆精神、铁人精神和"三老四严""四个一样"为核心的工匠精神，是老一辈石油人薪火相传的宝贵精神财富。他以铁人精神作为指引前行的灯塔，在坚持提升技能、敢于创新创造中走进新时代。

"三老四严"："对待革命事业，要当老实人、说老实话、办老实事；对待工作，要有严格的要求、严密的组织、严肃的态度、严明的纪律"；"四个一样"："对待革命工作要做到黑天和白天一个样、坏天气和好天气一个样、领导不在场和领导在场一个样、没有人检查和有人检查一个样"。这是以铁人为代表的一代石油工人自觉坚持标准、严细成风的真实写照，经过代代薪火传承，形成了精益求精、历久弥新的工匠精神，也成为他前行路上的灯塔。

谈及体会，他不无感慨地说，学铁人当工匠是理想也是动力，催他在技校努力学习，在井场苦练技能，让他从学生到学徒再到技术骨干、首席技师，前行路上迈出的每一步都有汗水和心血一点一滴的积累。有人说他把现场当成家，井场就是他的工作台。这话没错，要想成为一名合格的石油工人，就得有这股子拼劲。也正因为有了这股拼劲，才能够持续提升技能，才有信心在各种技能大赛上竞技拼搏夺冠，才敢在一次次关键时刻排除险情。

他以实际行动学铁人、做铁人，牢固树立"扎根大巴山，建设大气田"的坚定信念，将自己的生产经验应用到高含硫气田采气管理中，监控调节生产运行参数，分析、判断、处理生产中随时发生的故障。在创新工作中，优化与改进了采气现场工艺流程（图2-19），通过引进伴热带、对计量五阀组改造，增加了流量管理器腔室吹扫解堵功能，来保障仪表的正常运行，减少了职工进入高危场所涉硫操作50次/年，年减少故障处置关井80次。用一颗匠人之心先后攻克计量分离器排液流程不关井解堵、快开盲板渗漏等制约气田平稳生产的技术难题300余项，总结出解除硫沉积堵塞规律，《开井关键参数控制法》等15种操作方法获得单位命名表彰，完成油田及以上创新成果33项，获得国家实用新型专利13项，为企业发展创造了近亿元的经济效益。

图2-19 王红宾在做优化改造实验

不当"独行侠"

至今他还记忆犹新的是，大湾402集气站刚投产时，突然发生硫化氢泄漏，他立即背上呼吸器冲进现场，按照演练流程积累的经验逐一细查，终于在罐底泵连接法兰处找到了泄漏点。故障排除后，他整个人也被硫化氢熏得臭烘烘的。

这次抢险结束后，他萌生了带徒传授技艺的想法。因为他强烈意识到，无论在平时还是在抢险时，仅凭一个人的技术是不行的，只有大家都掌握了过硬的技术才能干好工作。而匠心贵在传承，作为油田唯一的采气专业首席技师，他也有责任帮助大家提升技术水平。

他的想法得到油田领导的大力支持，并以他的名字命名成立了"王红宾学习创新工作室"，2012年年底，王红宾学习创新工作室挂牌；2013年年底，王红宾利用淘汰的采气树等设备和废弃场地，建起创新基地，全力打造员工技能提升"特训营"，引导员工跟生产中的难点、断点、堵点、漏点、痛点"死磕"。后来又成立了"普光分公司技师工作站"和"采气厂仪表维修工作站"，将气田的高级技师、技师等高技能人才和部分优秀高校毕业生聚集在一起，紧盯设备维修和生产技术难题，进行立项攻关，先后解决了智能旋进旋涡流量计参数调节和零配件更换、进口安全阀维修技术本土化等一系列设备维修难题。在王红宾眼里，任何操作都有创新空间。集输阀室设备上有许多进口螺丝，由于操作者力气、劳累程度、操作站位等不同，致使不少螺丝在紧固中被拧毁。2014年夏，王红宾利用1个月时间，带领几名技师，把33座阀室中188条螺栓的最佳力矩测了一遍，标在挂牌上。王红宾还反复示范，教员工使用力矩扳手，确保螺丝拧匀、上平。

为了实现知识、技能、经验的理论化、系统化，提升档次，王红宾不断思考、归纳、总结，积极撰写技术论文，持续提升深度、广度。撰写的16篇论文，分别刊发在《科技传播》《科技创新导报》等不同级别期刊上。为给采气工补齐设备自动化、智能化安全操作短板，王红宾历时4年，编写专著《高含硫气田采气工边学边练》《高酸气田采气班组"五懂五会五能"》，参与编写《高含硫气田采气工》等培训教材20余册，开发高含硫采气3D、VR虚拟培训系统1套，制作采气标准化操作视频87条，填补了国内高含硫气田采气工培训教材、视频教程空白。

作为国家高级企业培训师、中原油田采气专业首席技师和中原油田兼职教师，他将自己多年来积累的知识、技能和经验，精心制作成12类2368张PPT课件，采取口头讲解、配图说明、实物演示相结合的方法来提高培训效果。他先后到元坝气田、华北油田、延长油田、天然气分公司、中国石油大学等兄弟单位和石油院校"传经送宝"，共举办采气专业培训19场次，培训员工700人次；组织采气、集输专业授课3500余学时，培训员工岗位取证、技能竞赛1.6万余人次。

"一枝独秀不为春，万紫千红春满园"。王红宾深知一个人的能力再强，也干不完所有的工作，要实现普光气田安稳长满优运行，需要无数个操作娴熟的技术能手，需要无数个勤于钻研、攻坚克难的"小专家"。为加快气田人才培养，他一方面直接进行"传帮带"，通过"师带徒"等形式，毫无保留地将经验、技能传授给徒弟们（图2-20）。"多上站、多思考，是解决生产难题的基础，多动手、多传艺，是引领操作队伍的前提。"王红宾是这样想的，也是一直坚持这样做的。从一名采气工成长为一名高级技师，王红宾深知技能学习易、学精难的道理。王红宾要求徒弟，不能等设备坏了才去修，平常更要加强养护——对于经常发生冻堵的阀门，他要求冬季必须一周开动一次，其他三季可延长开动周期，以免阀门长久不动被"冻死"……对于徒弟操作中存在的严重错误，王红宾先"拔大葱"——他言语严峻，鞭策他们摒弃懒散的操作理念，再"割韭菜"——手把手纠正瑕疵，让技能化为徒弟的"肌肉记忆"。"王大师

图2-20 王红宾（右四）在开展技能培训

传授的都是他日积月累攒来的'干货'，尤其是现场处理设备故障的经验，那更是书本上根本学不到的。"普光气田采气工李建立说。

8年间，王红宾高徒满堂。在他的74名徒弟中，1人在中国石化气井分析竞赛中获金奖，30 人晋升为技师、高级技师，3 人获集团公司技术能手称号，2 人被评为油田工匠，许多人成长为气田急需的复合型技术人才。

另一方面他积极搭建知识、技能、经验交流分享平台，促进人才快速成长。主持创办了气田内部期刊《技师交流》，建立了飞信和 QQ 交流群，通过互动，反映工作中遇到的难题，集思广益，共同研究解决办法，并分享工作经验。已编发《技师交流》7 期，编辑刊发专业技术文章 280 篇，探讨生产案例和技术瓶颈问题 180 多项。

目前，创新工作室成员已由最初的 7 人发展到 26 人，相继攻克技术难题 300 余项，研发成果 94 项，获得国家实用新型专利 27 项，13 种操作方法获得命名使用，为企业节支创效 1.6 亿元。他愿做栽桃种李人，牢记使命、传承铁人精神，为新时代的中国加油打气！

甘做"精神气泵"

王红宾在创新基地有办公室，可他得空就往一线跑。他要到一线查安全隐患，到一线跟员工淬炼匠艺，让设备再稳定一些、再安全一些。

在他的引领下，员工们铆足劲儿创新。两年间，青工刘玉莉不仅晋升为采气高级工，还拥有 2 项国家实用新型专利。为帮助刘玉莉完善创新成果，王红宾周末"连轴转"，帮助她修改申报文本。"王师傅就是我们的'精神气泵'。"刘玉莉说。

2019年夏天，采气工技能培训开班不久，王红宾的父亲突然生病住院。这次培训他承担了1/3的授课任务。如果他撂了挑子，这次培训就泡汤了。王红宾只好抱歉地给妻子、姐姐、哥哥、弟弟打电话，麻烦他们陪护老人。

2020年春节因为突发的新冠肺炎疫情，他决定延迟休假，选择坚守岗位，保证每口气井的安全平稳运行，保障长江沿线天然气生产供应，并从2月4日开始，按照中国石化集团要求通过"川气东送"管道，持续为湖北武汉雷神山医院供应天然气。2月6日，他通过中国红十字会捐款1万元，为疫情防控奉献爱心。虽然不能像医护人员那样在疫情防控前线战斗，但他也要尽一名共产党员的责任，发挥一名劳模的作用，坚守在四川普光气田的工作岗位上，一边做好疫情防控，一边和工友们在采气生产一线主动担当作为，凝心聚力为武汉、为中国早日战胜新冠肺炎疫情加油打气。

王红宾每年有90天假期，可他8年里休假还不足80天。他外出开会、讲课，耽误了上班，就用假期补上。

2020年11月24日，王红宾在北京人民大会堂被授予"全国劳动模范"称号。表彰大会结束后，51岁的王红宾就匆匆离京，赶往500千米之外的川东北宣汉县普光气田，继续琢磨解决集气站管线硫沉积难题。"当上全国劳模，只是我创新生涯的一个逗号。"王红宾如是说。

他8年如一日，在高酸气田采气技术"无人区"频频发力，攻克一个个"卡脖子"难题，把越来越多会采气的员工培育成"慧"采气的"井把式"，将安全"笼头"牢牢套住高酸"气龙"。

在王红宾劳模精神的感召下，创新仍在继续，企业正加速发展。截至目前，普光气田已累计向长江经济带安全输送天然气1000亿立方米。

新时代要有新担当，展现新作为。国家提出"创新、协调、绿色、开放、共享"发展理念，中国石化提出了"打造世界一流能源化工企业"的宏伟目标，站在新的起点上，王红宾始终以"功成不必在我"的境界和"功成必定有我"的担当，做一名有理想守信念、懂技术会创新、敢担当讲奉献的新时代产业工人，一路拼搏，一路向前，为美好生活加油，为精彩人生加油，为祖国的美好明天加油。

三／大国工匠

中原油田十分重视打造新时代的铁人式石油职工队伍，铁人王进喜的感人事迹叫响中原大地，三十多年来涌现出全国劳模、大国工匠、技能大师数十位，为中原油田更加美好的明天打下坚实基础。

一、杨相杰：从草根青年到技能大师

在采访中，工友们纷纷这样评价他：他是个"狠人"，也是一位"铁人式的作业工"，扎根一线工作27年，每天"泡"在井场，一心扑在技术上，脚踏实地做好本职工作，在平凡岗位上绽放着光芒。

他就是杨相杰——河南省技能人才领军人物、中原大工匠、享受河南省政府持续津贴，河南省示范性"劳模工匠人才工作室"和中国石化集团公司示范性创新工作室的领衔人，中原油田创新成果孵化基地创建人和负责人。近几年来他每年为油田解难题 360 余项，创新成果共获国家专利 13 项，获得企业及以上奖励 102 项，主编教材、技术手册 3 本，已获得"河南省第二届技能竞赛优秀工作者""全国行业技能竞赛优秀教练""河南省中原工匠""中国石化优秀共产党员"等 10 余项省部级及以上荣誉称号。

成熟之路

他曾是一位草根青年，地道的河南濮阳人，20 世纪 70 年代出生在一个普通农民家庭，一家 9 口人，就靠爹娘两个人挣"工分"养活，当时对他家来说，能吃顿饱饭是件很奢侈的事。但他父亲还是给他起了个响亮的含三个"木"的名字，希望他将来能成为国家栋梁之材。1993 年 6 月他考入中原油田采油技工学校，1996 年 7 月毕业，通过双向选择就业，来到原采油一厂井下作业大队做了一名井下作业工。因他家附近就有油井，他了解井下作业，更见过井下作业工"苦脏累险"的工作场景，当时他还是个劳务工身份，这个身份当时在油田找个媳妇都困难！面对当时的状况，他也后悔过，发过牢骚，落过泪。但他更相信师父经常给他讲的那句话"路都是自己走出来的"，发牢骚不如脚踏实地地干出点成绩，油田人来自"五湖四海",包容性大,绝对会容下一个肯为油田做贡献的人。

他们队当时有一个老师傅,是大队出了名的技术能手,"钻、磨、冲、铣、套、打捞、倒扣、注灰塞"等复杂作业施工,没什么能难住他的;心态也特别好,天天乐呵呵的,看他干活就像看艺术表演,如果诚心请教他"为什么这么干",他便十分认真地把道理讲得清清楚楚,大队上下都尊称他为"技术大拿"。有一天杨相杰问这位师傅:"怎么才能学成你这样的技术高手?"他笑了笑,拍了一下他的肩膀,说了一句让杨相杰工作了20余年受益了20余年,并且还将影响他一生的话,现在想起来杨相杰依然很激动,就像师父还在眼前,这句现在杨相杰刻在工作室墙壁上的话就是:用心做事别怕苦,不甘平凡,做精平凡事!

从此杨相杰就拜这位老师傅为师,天天缠着他学习岗位技术。俗话讲"艺好学,功难练",就是说开头容易,坚持难。当时作业队公休时的生活基本都是:喝酒、聊天、打牌、看电视、泡电影院,基本没有现在这个学习和技术攻关氛围。杨相杰却在师父的鼓励下逆流而上,自己找了个清静地方,苦读师父列出的井下作业技术类书籍,比如《修井工程》《作业班长》《石油地质基础》《作业机司机》等,遇到不懂的就请教师父或技术员,并且在生产现场验证所学的知识(图2-21)。

图 2-21　杨相杰在跟师父学技术

　　那时正是"工业学大庆"的年代，师父给他讲得最多的是铁人王进喜的故事，讲铁人王进喜怎么从玉门到了大庆，怎么徒手装卸井架及跳进泥浆池搅拌泥浆，和坐在北京王府井大街望着拖着大气包行驶的公交车哭泣的故事。

　　铁人王进喜的事迹鼓励着他，身边的榜样激励着他。

但学习最难的不是能坐得住，而是要有足够强大的心理承受力。当时杨相杰所在的作业队频繁施工注水井，注水井检修期长，常有由于解不了封或砂埋等原因发生卡钻的情况，师父却能准确判断井下卡钻位置，并准确倒开井下管柱，这项技术引起了他的浓厚兴趣，下了班他仍在宿舍思索上班时所遇到的困惑：师父找"中和点"的简易经验计算怎么会比自己的理论计算公式还准？正在他百思不得其解时，几个同学拉他出去玩，他没答应，哥儿几个满脸不屑说："作业工的活儿就是傻大笨粗，有力气，不怕脏就能挣钱，你天天傻学，也没见给你多发几块钱……"再一再二不再三，一次次地拒绝，时间一长，同事、同学就慢慢与他疏远了。谈到这里，杨相杰苦涩地笑道：现在偶然想起当初的那份孤独场景，依然历历在目！

好记性不如烂笔头。在学习的过程中，师父还教会了杨相杰一个好习惯：随时记录施工过程中的关键数据和进行状态描述，注重理论分析的实效性，下班后无论多累都必须写工作日志，分析施工过程中的重要经验与不足，找短板，争取一天比一天进步，要敢于超越自己，达到"日新日高"的目的。"功夫不负有心人"，通过不断学习和积累，日久见其功，杨相杰的技能等级实现了从初级工到高级技师的晋升，在他的感觉中技术攻关并没有想象的那么难，而且他还获得了两次破格；同时杨相杰积极参加油田各级业务比赛，获得过厂第六名、第三名、第一名，以及油田第三名，先后被授予厂"十大杰出青年""油田技术能手"等荣誉称号。2003年油田实施人才强企战略，2006年油田按照拔尖技能人才奖励政策给杨相杰分了一套118平方米的经济适用房。那几年正是炒房火热的时候，如果不是油田给他分配住房，以他的经济条件仍然会租房住，这让他深深感受到油田对技能人才的重视程度越来越高，自己的付出一定会有回报。但不能为了回报而拼搏，要在师父带领下更加深入地向铁人王进喜学习，为祖国的石油事业奉献自己的一切。

学有专攻

2004年因技术竞赛表现不错，作业大队提拔杨相杰为技术员，结束了7年的班组长工作，为拓宽知识面，通过补习高中课程，他先是考取了与井下作业相近的西安石油大学"石油钻井技术"专业。对于一个技校生来说，面对《石油英语》《高等数学》《油层物理》《流体力学》《机械制图》等"天书"，想弄懂弄通，谈何容易？但他凭着那股不服输的韧劲，硬是把"天书"给啃了下来。

杨相杰几乎把所有的时间都用在学习上，积极参加辅导。在学习过程中，他学会了时间管理、提前预习、注意听讲、知识点速记等提高课堂效率的技巧。每次参加辅导，他总是早到半小时，为的就是坐在老师最容易关注到的地方，听得清、看得清，便于有问题请教老师，并主动留下老师的联系方式以便于课下请教。

对一些一时弄不懂的问题，他不但向老师请教，还向他的同学请教、向新分来的大学生和单位的技术专家请教，经过努力，他以优异的成绩完成了成人专科规定课程，还获得了西安石油大学的"优秀学员"荣誉称号，同时通过了专升本考试。随后他又坚持 2 年时间完成了"石油工程"成人本科学历教育。杨相杰还非常注重把大学里学到的知识与工作实践相互印证，相互促进，并取得了良好效果。他的每一点成长，单位领导都是看在眼里，记在心里的，他的职位也由技术员提升为队长。

俗话讲"一木再秀不是林，一花再艳不是春，万花齐放春满园"，自己在学习理论和技术上获得成效后，他便带动大家一起学。当班长他能带动五六人学习，当队长他能带动三十多人学习。听课和授课是两种技能，杨相杰暗下决心，不能只重视自己现场管理知识的学习和积累，还要提升自己的授课能力。他积极参加油田培训中心的兼职教师培训班，求教有经验的培训师，于 2014 年考取了国家注册高级培训师资质，还把他的《现场管理》课程讲到了中国石化以外，他为把知识转换为祖国更大范围的经济效益而感到自豪。当学员们问他是哪个"211""985"大学毕业的时候，他的眼睛湿润了……

崭露头角

机遇始终与汗水相连。2009 年，中国石化集团公司下发了《高技能人才引进管理办法》，杨相杰作为高级技师第一批被引进来，从"游击队"升级成"正规军"，他为这个身份转变，追求了整整 14 年！

2012 年，他得知油田人力资源处牵头成立了技师协会，为技能人才展现才能搭建了一个平台，倡导的"精益求精的工匠精神"与自己当年追求的"不甘平凡，做精平凡事"理念非常相近。2013 年他抱着试一试的态度，申报了一项"可升降油管桥座"创新成果，获得了三等奖。一项小创新成果，没想到在单位却引起了不小的波澜，他还得了 6000 元奖金，油田领导亲自给他颁奖，可谓名利双收！从此他更加投入地在"创新创效的大家庭"中大展身手，并带动了单位一批喜欢创新创效的同事。他跑遍了所有工作现场，查找不足，重点收集影响安全操作、时效低、劳动强度方面的难题，作为立项攻关的目标。

　　然而科技创新是艰辛的，有时所遇到的困难难以想象（图2-22）。有一年12月零下7摄氏度的气温让人伸不出手，而杨相杰却在野外工地连续工作了近5个小时。

　　"我的新年愿望不是发大财，也不是诗和远方，就是

图2-22　杨相杰（右）在进行科技创新

能顺利推广应用新型反循环防堵高效钻头。"杨相杰边鼓励身边的同事，边在冰冷的天气里带头大干。

在中原油田，为改善层间矛盾，以注灰方式封堵油水井地层十分常见，但有时又要对被封堵数月甚至数年的地层进行回采。钻塞作业（将被封堵的地层钻开）也很常见。在钻塞作业中，为解决传统钻头不适应反循环工况产生的大颗粒钻屑堵塞油管，造成油管、钻具报废及作业效率低等难题，杨相杰带领团队研制新型反循环防堵高效钻头，这一课题被中原油田列为重点推广项目。他带领团队不懈努力，终于解决了这一难题。

2019 年 12 月初的一天，天空下着小雨，杨相杰因手头正在研究的一个课题去卫 95-8 井调研。在现场，他看到正在进行钻塞作业的五六名作业工浑身湿透，却丝毫没有懈怠，仍按照规程一步步操作。但仔细观察，他发现了不对劲。

"作业工身上的衣服被雨水打湿后结成冰，裤腿、衣袖都立着，直挺挺的，他们干起活儿来动作机械、僵硬。"那一幕就这样烙印在杨相杰的脑海，怎么也挥之不去。

研制一种应用于钻塞作业的高效钻头的念头就此在杨相杰的心里悄然萌芽。

历时 11 个月，杨相杰带领团队研制出不同型号的新型反循环防堵高效钻头，将目前中原油田在用的油水井套管型号全部覆盖，且已全部应用于生产现场，共计67井次，累计钻塞进尺超过5万米。

"传统钻头每小时只能钻进3至5米，新型反循环防堵高效钻头每小时钻进18至20米，效率提高4至5倍，也就是说，原来要连续工作十四五个小时才能完成的工作量，现在只需3个小时。"杨相杰难掩兴奋。

该技术创效近1000万元，填补了国内行业技术空白，并获得国家实用新型专利及国家能源化学地质系统创新成果二等奖和中国石化集团公司技能创新成果三等奖。

在中原油田杨相杰还有锈死螺丝帽的"克星"之称。

"咱们中原油田孵化基地杨相杰工作室制作的油水井口锈死螺丝帽液压破拆工具真是太好用了，不但能缩短操作时间，保障作业人员的人身安全，而且降低了劳动强度和作业成本，真是太棒了！"2022年1月12日，在中原油田濮85-15井井场，采油气工程服务中心濮城作业区ZY-DY204队的员工陈希杰高兴地说。

油水井口螺丝帽与螺栓是采油、采气、注水井口连接紧固四通和上部法兰的重要部件，由于长时间在野外风吹日晒雨淋会锈死，在检维修时操作人员卸不掉、砸不开，劳动强度大，耗时长，作业成本高。据统计，采油气工程服务中心六个作业区每年要检修井口大法兰连接螺帽 1000 余套，需要拆卸螺帽 12000 余个，锈死卸不掉的达 65% 以上。

"在此之前，井口螺丝帽的常用拆卸工具是死扳手、8 至 10 磅榔头，特殊情况下也会用乙炔气割吹扫烤热，再用死扳手砸或破坏切割。但是操作人员拆卸井口螺帽，用榔头砸死扳手过程中，由于死扳手手柄较短，扶扳手的人员易被挤伤或砸伤手。同时，每个锈死螺帽锈死程度不同，拆卸时间也不同，一般为 1 至 3 小时，有的用死扳手把螺帽砸打滑也卸不掉，严重影响到施工进度、作业时效和作业成本。另外，使用乙炔气吹扫切割锈死螺帽，属于油气井口动火，风险高易出事故，根据安全要求，已被油田安全管理部门严格管控，作业现场油气井口禁用。"该中心安全环保室高级主管肖昌军介绍。

油田孵化基地杨相杰工作室针对这一问题展开攻关，他们克服了多项技术难点，发现研制油水井锈死螺丝帽液压破拆工具，要解决四个方面的问题，即确定破拆锈死螺丝帽需要的推力，根据液压破拆推力确定液压缸的缸径和耐压壳体材料设计，破拆锈死螺帽刀头外形和强度设计，液压源设计。最终，他们创新用液压动力代替用榔头砸死扳手的作业方式，消除了操作人员受伤风险，降低劳动强度，提高时效，降低作业成本（图 2-23）。

图 2-23 杨相杰（中）与他的团队在工作室

"我们加工了 2 套油水井口锈死螺丝帽液压破拆工具，在中原油田 6 个作业区 130 口井上使用。一般情况下破拆一个锈死螺丝帽的平均时间为 3 分钟，比用榔头砸死扳手卸掉一个锈死螺丝帽的时间 1 至 3 小时，平均节约时间 1.5

小时以上，深受 6 个作业区的广大职工的好评。"中原油田井下作业首席技师、油田创新成果孵化基地负责人杨相杰说。

杨相杰从 2013 年起已带领同事解决现场操作难题 103 项，其中获国家级创新成果 5 项、集团公司级创新成果 1 项，地厅（局）级成果 80 余项，申报国家专利 55 项，其中发明专利 4 项，现场应用推广效果均良好。杨相杰个人的创新成果也获得国家实用新型专利 13 项，油田内部奖励成果 49 项。2011 年被油田授予"技术能手"称号，2015 年他被原采油一厂聘为井下作业主任技师，担任技师工作站井下作业创新工作室负责人。2016 年 9 月采油气工程服务中心成立，他又被调到该中心，担任技师工作站的负责人。2017 年因兼职授课和传技带徒被油田授予"中原油田首批青年成长导师"，2021 年被授予"全国行业职业技能竞赛优秀教练"和"中国石化优秀党员"等荣誉称号，2022 年被河南省工会评为"中原大工匠"，获评河南省政府特殊津贴，2023 年获评"河南省技能人才领军人物"和"河南省第二届技能竞赛优秀工作者"。

甘做人梯

经过二十余年的不懈努力，杨相杰从草根青年，一举成为中国石化集团公司技能大师和首席技师；从徒弟变成了师父。

企业的重托不能辜负，在建章立制，不断推进技师工作站建设的同时，杨相杰始终记得铁人王进喜说过的那句话：一个人浑身是铁也打不了几个钉，还是人多力量大！并深深地感悟到：在追求人生价值实现过程中，自己的努力固然重要，获得企业的肯定和提供的平台更加重要。自己一定要把更多的人带上这个平台，为更多的追梦青年圆梦！

2018年10月，为了让更多一线员工"金点子"变成创效"金豆子"，打通由创新到创效的"最后一公里"，在油田多部门的支持下，基于杨相杰创新工作室，油田创新成果孵化基地应运而生，目前已完成职工创新成果孵化加工138项，完成成果转化36项3600余件（套），创收9000余万元。该基地已成为油田创新成果孵化加工、效益转化与高技能人才培养、跨行跨界交流的重要平台和展示窗口。

"杨大师是我创新路上的启蒙者。他经常教导我们，创新并非天马行空，不要好高骛远，一定要脚踏实地、守正创新。"油田唯一一个井下作业工具工、井下作业技术工"双金牌"获得者宋明明说。

要干尽量带着更多的年轻人一起干，培养更多的技能人才。杨相杰始终把一线员工的冷暖悲欢记挂在心头，2021年，经过"群英会"攻关，焊工工位多功能平台诞生。这个装置可以使操作人员焊接时采用坐姿，以工件的高低自主升降、360度无死角旋转代替了以往工件不动、焊工需不断调整姿势来适应的情况，一举将焊接速度提高50%，焊接质量提高15%，大大降低了焊工从事各种焊接作业时的劳动强度。

他创建的"杨相杰创新工作室"，骨干成员已达89人。工作室先后完成国家石油协会课题研究成果二等奖2项、国家能源化学地质工会奖励6项、中国石化技能创新成果三等奖1项，获得国家专利50余项，转化成果32项，年创收9000余万元。

10余年来，杨相杰累计师带徒50余人，其中1人成为全国技术能手，4人成为集团公司技术能手，3人成为国家央企技术能手，2人获得河南省五一劳动奖章（图2-24）。

他先后主编了《高压高含硫气井维保岗位标准化操作教程》等实操教材2本，弥补行业培训教材空白。他不断总结技能操作经验，参与编写油田技术标准2个，为标准化建设贡献力量。他获得的"中原油田首批青年成长导师""全国行业职业技能竞赛优秀教练"等沉甸甸的荣誉，

图 2-24　杨相杰（中）与徒弟进行技术革新

有力诠释了他静守初心、甘做人梯的优秀品格。

"年轻产业工人是国家发展的未来。如果能做他们成长的阶梯，我求之不得。"杨相杰说。这位在井下作业一线奋战了 27 年的技能工匠，目光熠熠。

展望未来，信心满怀，杨相杰必将为祖国的石油事业，为端牢祖国能源饭碗做出更大贡献！

二、都亚军：争当全国最好的采油职工

1975 年 7 月生的都亚军，河南内黄人，中原技能大奖获得者、采油工高级技师、中国石化杰出技能人才、国家实训指导师，现为中国石油化工集团有限公司中原油田分公司采油首席技师。先后主持石油石化行业重点课题 20余项，获得国家能源化学地质系统创新成果二等奖 5 项、三等奖 4 项，全国石油石化企业创新成果二等奖 1 项，获授权实用新型专利 37 项，获中原油田创新成果 113 项，发表论文 15 篇。攻克了低渗油藏采油率低、注水效率低下的行业技术难题，在石油石化行业推广后提升了水驱控制面积，增加可采储量，该技术处于行业领先水平。研制的新型泵挂管柱、在线防盐装置等技术均属国内首创，有效提高了油田采收率。先后在石化行业培训员工上万人次，带出 56 名技师和高级技师，培养出省部级以上技术能手 10 多名。2016 年被全国总工会授予"全国五一劳动奖章"，2016 年享受国务院政府特殊津贴，2017 年被河南省推荐为党的十九大代表候选人。2018 年被评为"全国技术能手"。

都亚军从事采油工作29年来，从小就受铁人王进喜事迹所鼓舞，争当石油铁人、争当全国最好的采油职工是他的人生追求。他凭借勤学苦练的干劲和勇于创新的激情，从一名普通的采油工成长为全国石油石化行业高技能人才的代表。他充分发挥自身的技术、技能优势，在采油生产一线关键岗位解决大量油田生产难题，获国家专利授权37项，49项成果在油田推广应用，创造了显著的经济效益和社会效益，诠释了"新时期产业工人"的深刻内涵。

拼搏铸就石油梦想

20世纪70年代，石油工人"铁人"王进喜的故事传遍了神州大地，他在倾听"铁人"的故事中，慢慢有了自己的梦想："长大了也当一名光荣的石油工人。"17岁考入中原油田采油技校，通过努力学习、刻苦钻研、拼搏进取，他完成了从技校生到石油工人的角色转变，梦想变成了现实。

1995年9月，都亚军从中原油田采油技校毕业并参加工作。工作之初，针对理论和实际操作技能匮乏，他以强烈的求知欲，在干中学、学中干，先后自费购买《采油技术手册》《抽油机井管理》等专业书籍，白天坚守岗位，专心工作，夜晚就挑灯夜战，查阅资料，积累了扎实的理论知识、练就了精湛的操作技能。通过自学和培训提升业务能力，取得了采油工技师、高级技师资格，获得了北京科技大学和西安石油大学大专、本科学历，在《内蒙古石油化工》等刊物发表论文 15 篇。

工作学习中他做到"四个坚持"：坚持向书本、他人和实践学习；坚持理论联系实际；坚持总结与探索；坚持勤学苦练。"四个坚持"使他学到更多知识，也练就了更多本领，在中原油田第九届、第十届技能竞赛中获得采油工第三名、第一名，在 2010 年中国石油化工股份有限公司职业技能竞赛中夺得采油工第一名。

创新彰显能手本色

技术创新是企业持续发展的源泉，都亚军立足于油田生产实际，开展技术创新活动（图 2-25），攻克了低渗油藏降压增注、提高高气油比机采井泵效等 180 多项长期困扰油田生产的技术难题，先后获得处级以上创新成果 113 项，国家专利授权 37 项，在生产实践中推广应用，平均每年创造经济效益 2600 万元以上。

高气油比油田在我国存在较为广泛，都亚军所在文留采油厂文 13 块也属该种性质油藏，同时由于深处中原腹地，抽油机套管气偷盗较为严重，解决抽油机井气体影响提高泵效及解决伴生气被窃成为影响生产的最大因

图2-25　都亚军在工作室搞创新

素。2008年，他主持了"抽油井伴生气防盗增效一体化技术"的课题，该技术不但达到了防窃气目的还取得了增产的效果，应用后每年增产套管伴生气55.2万立方米，增油643.8吨，并获国家实用新型专利。

针对低渗油藏注水井注水压力高，水驱油效果差等问题，他主持完成了"低渗油藏表活剂降压增注工艺研究"，有效增加地层中原油流动性，降低注水压力，实施后提升水驱控制面积，增加可采储量近万吨，提高采收率 0.5 个百分点，填补了国内空白，该技术获中原油田科技进步一等奖，并在国内低渗油藏中广泛应用。

为探索开展岗位学习和练兵工作的新模式、新方法、新途径，推动了岗位练兵信息化、高效化、自主化。他主持完成了中国石油化工股份有限公司采油在线岗位练兵 60 个微课件录制及题库开发，搭建起的员工基本功训练平台填补了国内空白。编写了《采油（采气）危害识别与防范》《油气生产应急处置指南》《信息化设备使用手册》，在石油石化行业广泛应用。

精细打造品牌效应

作为人力资源和社会保障部实训指导师的他，在石油石化行业培训员工上万人次，培养了一大批优秀技能拔尖人才和青年后备人才。十几年来他共带徒 68 人，其中 10 人成为省部级以上技术能手，56 人成为技师和高级技师，6 人在中国石化集团公司职业技能竞赛中获得奖牌。

2011 年创建"都亚军创新工作室"，他以严谨、精细的工作带动了更多的年轻人参与创新（图 2-26），并将工作室打造成出成果、出人才、出效益的领头雁。工作室先

图2-26 都亚军(左四)带领年轻人参与创新

后取得国家专利86项,厂处级以上创新成果236项,解决现场技术难题620项,创造效益7000多万元。创新工作室先后被授予"全国技能大师创新工作室""河南省示范性劳模创新工作室""中国石化示范性创新工作室"等称号。

为了引领更多技能人才走向创新,他提出并构建了

"创客群""创新工作室联盟"，将高技能人才聚集起来形成合力，提高了攻关效率，更多的革新成果不断涌现出来，逐渐吸引更多的人参与到革新工作中。目前"创客群"和"创新工作室联盟"攻关项目已完成270余项，创造经济效益5000万元以上，为石油石化行业持续发展提供了动力。"创客群""创新工作室联盟"已经成为石油石化行业两颗璀璨的明珠，成为带动广大高技能人才进行岗位创新的摇篮。

"路漫漫其修远兮，吾将上下而求索。"都亚军用自己对采油的酷爱与执着、严谨与精细、勤劳与智慧、信念与敬业、追求与奉献，谱写了一首党员爱岗敬业、掌握采油一流技艺的强者之歌！《工人日报》《中国石化报》、中工网等多家媒体广为刊登其先进事迹。

三、巩章生：不为繁华易匠心

1992年，刚满20岁的巩章生从油田技校毕业后，分配至油田油气生产一线握起了焊枪，这一握，就是三十年。

凭借着手中的焊枪，他捧回了首届"振兴杯"全国青年职业技能竞赛铜牌、河南省"奥太杯"职工职业技能竞赛电焊工铜牌、中原油田工人技术比赛焊工金牌……被授予全国技术能手、全国青年岗位能手等荣誉称号，2022年被聘为中国石化集团公司电焊工技能大师，享受河南省政府特殊津贴。

攻坚克难，团队的"定海神针"

2022年9月，地面工程抢维修中心承揽了天然气集输管道安全隐患治理工程（兰庄段）等重点施工项目，管径近60厘米，底部焊接点贴近地面，操作难度之大，让工作多年的老技师都束手无策。巩章生抵达井场后，迅速完成技术交底，在众人惊叹的目光中完成了镜面焊接工作，试压验收一次合格。

时间追溯到2016年秋，地面工程抢维修中心组建成立。为尽快适应油田高质量发展的需要，中心承揽服务项目范围开始由单一的油水井运行故障抢险维修，逐步向中原储气库维保、非金属管线安装等领域拓展。

面对新业态，巩章生从小就被铁人王进喜感人的事迹所熏陶，身为中心主任技师的他连日奔走于施工现场和工作室之间，结合新承揽业务的工艺需求和攻关难点，列出技术研究清单；借阅国内外前沿焊接技术书籍，学习掌握先进的焊接工艺原理及焊接设备的使用性能。通过不断自我施压，巩章生仅用了一年时间，就熟练地掌握了钨极氩弧焊、带水带压焊、药芯焊丝自保护焊等非常规焊接操作技能。

油田地面工程设备安装维保主要涵盖油气管道、储罐等大型设备的维修、改造、更换、拆除等工作，多涉及动火、进入受限空间、高处攀爬等作业环节，呈现"急、难、险"的特点。

对此，巩章生给出了破解方案：用快速封堵等非常规焊接技术应"急"，既缩短了原油外输管线的停产时间，又避免设备"憋压"情况的出现；加强国内外焊接新技术应用，破解带水带压焊接作业的"难"，缩短设备故障的维修时间；用专业知识化解施工的"险"，融合安全技术、焊工操作规范等内容，编制管线不停输带压封堵、天然气管道泄漏焊接方法等施工指导书，为直接作业环节筑牢安全堤坝。

多年来，巩章生先后取得油田、中心科技进步奖26项，国家专利授权6项，累计创效700多万元。其中针对管道施工现场坡口切割难问题研制出"管线坡口切割辅助装置"，成功解决了磁轮自动切割机等现有技术无法适应螺纹管问题，填补了国内管道切割技术的空白。

初心无悔，带出百名焊接高徒

独行者，快；众行者，远。

全国青年职业技能竞赛获奖后，他举办了"巩章生电焊技术培训班"，开了中原油田以个人命名培训班的先河，轮训学员 320 人次,《工人日报》《中国石化报》等多家媒体对其先进事迹进行报道,社会反响强烈。

　　"在学员刚接触焊接的初期,就要着手培养他们的规范操作手法、应对各种工作环境的适应力和质量控制意识,这样才能获得事半功倍的培训效果。"巩章生总结出一套教学心得(图 2-27)。

图 2-27　巩章生在上课

2017 年 11 月，巩章生参加了国资委举办的中央企业优秀焊工专业技术提升赴美培训班，通过对比中美两国在焊接技术、管理制度和企业文化之间的差异，对传统教学的手段和思路做出大胆创新。打破常规焊接教学模式，提出焊接线能量控制理念，并将国外"AWS 焊接标准"纳入学员技能考核，学员完成的每一条焊缝，除了要做好外观检查，还要截取焊接段做弯曲试验，用直观的数据提示学员存在的不足和差距。

同时，他还总结提炼出"理论联系实际、实际适应个性"的培训方法，结合油田油气生产需要，将学员分为采油维保和管道安装两个类别：采油维保操作人员需要具备电焊、气焊、管工、驾驶等多种技能，涉及面广，需要重点培训这类学员综合维修技术；管道安装操作人员普遍比较年轻，大部分学员有参加油田或省部级技能竞赛经验，具有良好的焊接操作基础，需要重点培训这类学员压力管道和特种设备焊接技术。

巩章生多次受邀担任中国石化集团公司焊工高级技师考评前培训班、ISO9606 国际焊工取证培训班、油田高技能焊工培训班技能指导教师和金属焊接与热切割取证培训班理论教师，累计为油田培养出百余名新型电焊技能人才。在集团公司焊工技能竞赛中，指导的参赛选手获得 2

金3银1铜的优异成绩，所带徒弟获得河南省技术比赛电焊工第二名、第四名，23人晋升高级技师、技师职业资格。

醉心钻研，守住一片匠心

古人云，逆水行舟，一篙不可放缓；滴水穿石，一滴不可弃滞。

尽管巩章生已经熟练掌握焊条电弧焊、二氧化碳气体保护焊、管道下向焊等多种工艺，焊接技术已经处于行业内领先水平，但他依然没有停下向上求索的脚步，被徒弟和学员称为拥有"大脑永动机"。

"作为工匠，就是要把工作做到极致；作为技能大师，还需要做技术创新、难题攻关、成果推广的领跑者。"

巩章生是这样说的，也是这样做的。随着油田专业化改革进入深水区，地面工程抢维修中心适时提出推动注采业务向专业化转变、推动应急抢修向长效运保转变、推动维修业务向集约化转变、推动运维业务向信息化转变等"四个转变"，压力管道焊接标准化、专业化标准骤然提高。巩章生主动承担了"焊接工程师＋技师"的双重职责，开展焊接工艺技术研究和实践，引进RMD金属粉芯下向焊等新技术和新工艺，先后独立完成了全焊条电弧焊、实芯焊丝半自动下向焊、P110套管与20号钢异种钢焊接的工艺评定，彻底扭转了中心完全依赖外部单位进行焊接工艺评定的局面，单项焊评费用也由 12000 元降至 3000 元。积极参与厂院结合攻关项目，开展地面工程维保提质增效技术研究，引进等离子切割机、数控切割技术、管件预制自动焊等技术，开展相关技术研究、试验和推广，抽油机死刹落地装置制作、抽油机压杠螺丝垫片、不锈钢管材切割等多项工作实现外委转自营。"焊接与切割工艺技术的研究与应用"项目获得油田 2022 年度科技进步三等奖。

四、姚江：身有绝活，永向前

姚江 1983 年随父母从江汉油田迁到中原油田，1989 年技校毕业后一直在中原油田工作，参与多次电网改造，技术水平日渐提高，练就了绝活：运用"听、闻、问、摸"系列法，使电路故障"手到病除"。2002 年在中原油田举行的技术比武中获冠军，被评为中原油田十大全能员工，同年，参加全国石油石化行业技能竞赛获电工工种第五名，并荣获"中国石化集团公司技术能手"称号。

2004 年 12 月 17 日，第七届中华技能大奖和全国技术能手表彰大会在北京举行，姚江获得全国技术能手称号。2015 年获得国务院政府特殊津贴（图 2-28）。

来自河南中原油田供电管理处的高级电工技师姚江站

在获奖的队列中，心情格外激动，从一名技校生成长为全国技术能手，姚江觉得十分自豪。他心中盘算着，这大概是自己工作以来跃上的第五个台阶。

证　书

姚　江同志：

为了表彰您为发展我国采　矿　事业做出的突出贡献，特决定发给政府特殊津贴并颁发证书。

政府特殊津贴第2014016097号　　　　2015年1月29日

图2-28　姚江获得的荣誉证书

没错，是第五个。自打他迈上中原油田技术比武状元的台阶起，他就一直在向着更高的台阶迈进。如今，他又一次成功了！他成了全国200余名技术能手中的一个。

回到中原油田，姚江的十多个徒弟争着让他讲赴京领奖的感受。姚江就告诉他们："好好干，将来总有一天，你们也会成为全国技术能手。"姚江的这番话可不是空言虚语。名师出高徒，他一手培养出来的徒弟，有三个被评为"中原油田技术能手"。他最近带的徒弟田斌，原是初级电工，经过姚江耐心细致地教看电路图、分析工作原理、故障排除方法，如今不仅拿上了中级电工证，而且还跟师父一道被单位评为优秀师徒。由于姚江技术高，许多初级工都想学他的绝招，毫无保留的姚江为满足他们，便结合自己的工作经验，认真编写了 2 万多字的教案和《电工常用知识手册》，这本实用性很强的手册可帮了那些初级工的大忙。难怪这么多人佩服姚江。2005 年才 34 岁的他靠着勤学苦练当上电工高级技师，拥有一手十分老练的绝活。他能在 24 小时内借助"电缆故障测试仪"迅速查出故障原因，并总结出"听、闻、问、摸"系列法，该法在油田同行中推广后，降低电缆维护费用及电量流失达 300 多万元。为练就这手绝活，姚江付出了比别人更多的时间和精力。在日常工作中，他把每一次处理故障都当作自己学习和提高的极好机会，长期苦练查找电缆故障技术。每天下班回家，他脑子里转的还是那些在外人看来枯燥的技术术语。吃过饭后，姚江总是捧起书本，广泛学习技术知识，时间长了竟成了习惯，哪天不看看技术方面的书，他就觉得缺少点什么。

由于油地诸多复杂的因素，中原油田每年的电力流失较严重。姚江想尽办法克服了技术上的诸多困难，对电网线路进行改造，终于堵住这一漏洞。他还用了整整两个月的时间绘制了一张中原油田总部小区电网彩色平面图，使小区内的电路情况和设备情况一目了然。同行们称这张图为电路"字典"。

面对许多人欣羡的目光，姚江依旧跟平常一样，钻研技术，带好徒弟。他告诉自己，全国技术能手的荣誉只是他人生中的第五个台阶，从现在开始，更多的台阶还等着他去攀登呢！

自担任高级技师和全国技术能手以来，姚江凭着对电力事业的执着和追求，一步一个脚印，留下了一串串闪光的足迹。

在技术管理工作中，编制"十三五"电力发展规划、安全隐患治理三年规划等。实现变电站微机保护100%，35kV变电站无人值守改造完成率100%，无人机巡线、电网远程监护等一大批新设备、新技术、新工艺得到应用。利用独创的"电缆故障快速探试法"查找故障电缆362条。编写集团公司《维修电工》岗位技能操作标准化培训教程1册，《箱式变电站运行维护规程》《低压配电设备缺陷分类》等油田企业技术标准3项，编制维修电工、抄表收费工等4个岗位工种试题库。

作为油田创新工作室领衔人和中心技师工作站负责人，利用改造下来的废弃电力设备，自行设计、组装，建成油田首座仿真培训基地。工作室研发的课题频频获奖，其中，"电缆剥皮器""CT 高压失电中心配报警装置"等油田级创新成果 21 项，"气泵噪声隔音箱的应用"填补了国内行业技术空白，"配电室低压断路器闭锁装置""钳形电流表语音报数"等处级创新成果 46 项，解决内蒙古采油厂巴盟供电局因 35kV 巴油线"接地"故障停电等生产技术难题 1163 项，累计为企业创效 681.4 万元。

他认真组织开展员工素质、技能鉴定前培训等活动，先后带徒 50 人次，11 人获得油田级以上技术能手称号，275 人取得技师、高级技师任职资格，为外部市场输送人才 468 人次，累计创收 3.5 亿元。供电服务中心技师工作室也由 1 个发展到 14 个，营造了人才成长的氛围。

三/ 科技新星

一、科技攻关伉俪行

在中国石化集团中原油田物探研究院有这样一对伉俪，他们夫妻二人都是博士，他们的科研成果奖、授权专利数量不相伯仲，他们各自领衔一个高技能人才创新工作室，他们既是同事关系，又是"甲乙方"关系，他们就是在科研路上携手并进的李庆洋、李娜夫妇。

同进中原

李庆洋和李娜相识于中国石油大学（华东），两人在同一个课题组，由于研究方向相近两人又被导师安排在了一个办公室，最初李庆洋经常向师姐李娜请教问题，师姐觉得这个师弟很刻苦，晚上、周末经常看到他瘦瘦的背影在电脑前调代码。课题组申请了科研基金和项目，由于经常需要准备项目汇报材料，两人在一起讨论的时间多了，也慢慢熟络起来，经常一起去餐厅吃饭，为了准备汇报材料一起加班到凌晨，然后跳窗跑出教学楼。慢慢地，李娜被李庆洋科研的纯粹性吸引，李庆洋被李娜研究的热情和拼劲触动，两个人的认同感让他们走到了一起。

李娜先进入中原油田博士后流动站，从她口中，李庆洋大概了解了中原油田当时面临的勘探技术瓶颈，而这些难题正是李庆洋博士课题的研究方向。一个个真实存在的勘探难题激起了他的斗志和挑战欲，2017 年毕业在即，他拒绝了到高校任职和其他高薪岗位的聘请来到中原油田，拥抱了他的理想，也拥抱了他们的未来。没有像多数博士那样等待油田博管办的招聘，两人都是主动参加中国石化的招聘考试，报名中原油田，一进站，就与油田签订了无固定期限的劳动合同。铁人王进喜一直是两人心中的英雄，他们都希望不辜负祖国多年的培养，早日为油田的勘探开发尽一份力，早日解决一些问题，能为油田多找点油气（图 2-29）。

伉俪并进

李庆洋，1988 年 1 月出生，中共党员，副研究员，油

图 2-29　李庆洋和李娜夫妇在工作

田地球物理软件研发方向专家。2017 年他博士毕业于中国
石油大学（华东），同年加入中原油田博士后科研工作站
物探研究院分站工作。

　　"挑战"——李庆洋从先他一步来到物探研究院工作
的妻子李娜口中，大概了解到中原油田当时的勘探形势，
地表条件复杂、断块发育复杂、地层结构复杂，这些都是
当今成像领域面临的技术瓶颈。他所学的专业是地质资源
与地质工程，正好与这些难题相关。选择中原就意味着选
择了挑战，铁人王进喜一直是他心中的英雄，他认为，好

男儿应该勇于挑战，到最需要自己的地方去，为祖国的繁荣富强尽自己的一份力量！

"创新"——李庆洋主要从事复杂介质地震波传播与反演成像方法技术研究。可能听起来很拗口，通俗地说，想要科学找油找气，先要了解地质构造。就像科学看病一样，先要看清病灶，才能对症下药。地球物理勘探是油气勘探开发的第一步，相当于给地球做"CT"。这个地球"CT"的核心就是地震成像精度，通过高精度的地震成像就能够清晰地"看"到地下的地质结构，判断哪里埋藏有石油或者天然气。然而，"地球 CT 技术"并不像医学的 X光、CT、核磁技术那么成熟。中国工程院院士孙金声曾这样类比超深层油气勘探："在 8000 米以深的超深层寻找油气，就好比站在珠穆朗玛峰顶，看清雅鲁藏布江上的游船。"难度如此之大，我们怎样才能发现地球深部的油气宝藏？目前，现代化科技手段只有一种——物探。

物探被称作地质探测的眼睛，主要是通过透视深层超深层结构，形成地质特征影像，锁定蕴藏在地球深部油气资源的分布位置、形态和储量，为勘探开发指明方向和目标，是向地球深部进军的先行和先导。物探兼具望远镜和显微镜的功能，既可像望远镜那样观看整个地层结构，又能像显微镜那般细致观察地质单元的微观特征。

　　中原油田普光探区地层结构异常复杂，地表高差上千米，地下各种构造错综反转，现有技术无法做到对普光地下进行高精度成像。这就好比人的眼睛模糊了，看不清地下的实际情况，从而制约了油气高效勘探。在美国加州理工学院留学的一年时间里，李庆洋了解到，一种新的最小二乘偏移技术对改善此类成像效果很有帮助，相当于给模糊的双眼戴上了眼镜。但该技术属于高端成像领域，核心技术不对外开放。一边是油田推进高质量勘探对技术的迫切需求，一边是国外牢不可破的技术封锁，如何破局？

　　从小就在铁人王进喜事迹熏陶下成长的李庆洋深深知道：没有别的办法时，"干"就是最好的办法！即使再难，我们现在的条件也比铁人王进喜等老一辈石油人艰苦创业的时候要好得多。他主动接过这个担子，开始了漫长的自主研发，一点点从理论开始推导，借助为数不多的资料开始了技术攻关。在攻关过程中发现，国外的油田一般在海上，即使在陆上也基本都是水平地表，都没有考虑普光这种剧烈起伏的山地情形，所以即便我们已经掌握了国外目前的技术，但对于普光仍是不起作用，也就是说直接照搬是行不通的。不得已，他又带领团队改进理论，重新搭建技术框架，努力从根本上解决普光的双复杂问题。终于研发出了一套针对普光探区的最小二乘偏移技术序列，创新改进了多项成像理论技术，实现了该项技术的从无到有的突破，模型与实际资料测试都表明了该方法的优势，显著提高了成像质量，取得中国石化为数不多的软件著作授权，申请了3项国家专利。

由于专注于此项研究，并不断进行后续的改进优化，李庆洋带领团队让此项技术的成效发挥到了最大，取得了河南省科技进步奖1项，油田科技进步奖2项，作为地球物理领域唯一代表获得了2021年度河南省青年人才托举工程项目奖，得到"河南省博士后科研启动项目"资金资助。同时还获得了中原油田至今在勘探领域的唯一一项"中国博士后科学基金面上项目"二等奖。

"感恩"——在别人眼中，本、硕、博无缝衔接，赴美公派留学一年，李庆洋会像"学霸博士"一样高奏凯歌。实际上并不是这样，他是踏着铁人王进喜的足迹在组织的培养、油田的好政策下，一步步成长起来的。中原油田的实际勘探情况与书本上的很多理论并不相符，初来油田的抱负和热情被理论与生产实际的差距冲击，曾让李庆洋陷入深深的迷茫。前辈同事手把手传授经验，单位的领导专家给他搭平台、压担子，才让他逐渐搭建起理论与实践的桥梁，至此真正理解了学有所用的乐趣。

2021年11月中旬，李庆洋通过了博士后出站答辩，

11月下旬，油田组织专家竞聘，按照以往的惯例，竞聘专家是需要很多年的工作经历的。但这一次，油田为更多的年轻人提供了平台，敞开了大门，单位领导也大力支持，鼓励年轻人就要勇于"亮剑"。是中原油田这个大家庭给了李庆洋强大支撑力，让他在竞聘中全力以赴，最终被聘为油田地球物理软件研发方向专家，成为众人口中"油田最年轻'85后'专家"。

由于角色的转换，他的攻关课题越来越难，工作也越来越忙。"双博士家庭"，并没有别人眼中的光鲜。如果没有组织的关怀，李庆洋夫妇可能很多事情都干不好。他们有一个3岁多的女儿，在物探研究院可谓"家喻户晓"。有一回，孩子在老家病了两个月，李庆洋着急想回去，就连续加班，尽量把工作往前赶。同事知道了这事，都帮着分担工作，领导工作安排上也最大限度地给他排开了时间。有一年，李庆洋和妻子同去威海参加物探技术交流会，那时孩子还没断奶，院领导做出了一个有人情味的决定，说那就带上孩子去！还有一次，李庆洋和妻子同回濮阳作项目汇报，孩子没人管，院团委书记主动找到他，说把孩子接到她家住，她来帮着带！

李庆洋是一个心境简单的人，工作的动力是为了更好的生活。他认为：单位给创造了能够安心、专心、舒心的工作条件，在生活上给予了悉心关照，唯有以感恩的心来工作、用更加努力的工作来回报单位、回报油田。

"团队"——一个人的能力是有限的，一个人的创新是不够的。为了集中优势技术力量，攻克物探技术瓶颈难题，物探研究院成立了深度偏移技术攻关小组，李庆洋任负责人，后来在此基础上成立了李庆洋创新工作室。他们团队6人聚焦勘探瓶颈问题，开展专项攻关。但工作室青年人员多，摆在面前的突出问题是如何让青年们能快速掌握理论知识、掌握攻坚克难的方法、培养大家的研究精神和能力。于是，他整理了多年来的笔记，利用下班时间制作课件，形成了一套完整的经验，被青年人开玩笑地称为"博士秘籍"、地震成像"宝典"。李庆洋也乐于为大家讲解，青年人遇到问题，不只简单地告诉他如何做，而是一步步引导，培养钻研的习惯和科研能力。在单位的大力支持下，李庆洋及其团队大胆采用新技术、新方法，围绕复杂山地叠前深度偏移成像攻坚克难，形成了基于地质约束的复杂山地近似真地表技术、断控网格层析速度建模技术等多项关键技术，完成了普光大湾毛坝200平方千米三维深度偏移处理及通南巴海相三维地震资料处理1054平方千米，累计创收2000余万元。

放眼祖国石油工业的百万大军，像李庆洋一样的年轻人还有很多，虽然大家的岗位不尽相同，但是肩负的责任与使命是一样的。在巡回演讲时，李庆洋总是送给年轻人这样四个词：

一是专注。只有专注如一，才能行稳致远。一个人的精力有限，一旦找准一个工作目标，就要坚持不懈地做下去，踏踏实实地走好每一步路。当将所有的力量施于一点，才能超越别人，取得持久的成效。

二是学习。世事沧海桑田，知识日新月异。青年一定不能有吃老本的思想，我们也没有多少老本可以吃。作为青年科研人员保持"职业青春常在"的秘密只有一个，那就是一直学习、不断进取。也希望你们，乐于学习，勤于学习，善于学习，牢固树立终身学习的理念，把学习当作一种职责、一种追求，不断掌握新知识，积累新经验，增长新本领，创造新业绩。

三是毅力。耐得住寂寞才守得住芳华。一个人无论多么喜欢自己的工作，也会有疲惫和迷茫的时候。日常烦琐的工作，多多少少会带来这样那样的压力。面对来自各方的期许和压力，应当学会管理压力并科学释放压力，把大目标分成一个个可以分阶段实现的小目标，一步一个脚印地向前走，始终保持乐观的心态，用完成每一个小目标的喜悦正向激励自己，减轻对工作的恐惧感，增强完成大目标的信心和决心，相信终有一日你会取得成功。

四是创新。通过一次次探索，李庆洋和他的团队成员既经历了失败的考验，也尝到了创新的甜头，更加深刻地认识了创新的极端重要性。在油田推进高质量发展进程中，在油田"四个一"目标的实践中，要用创新的眼光看问题、用创新的思维想问题、用创新的手段和技术解决问题。

李庆洋工作短短六年间已获河南省科技进步奖 1 项、中国石化集团公司科技进步奖 2 项、中原油田科技进步奖 5 项，申请国家发明专利 10 项，授权软件著作权 6 项，出版合著 2 部。先后获得闵恩泽青年科技人才奖、中国石化优秀共产党员、中国石化优秀青年岗位能手、中原油田"优秀青年科技创新人才"、"百日攻坚创效会战"先进个人、"青年岗位能手"、"千人计划中原杯优秀奖"等荣誉称号。2020 年组建"李庆洋创新工作室"，2021 年获得"河南省青年人才托举工程"奖，2023 年被评为"河南省青年岗位能手"。

李庆洋时刻牢记自己是一名共产党员，要始终保持共产党员的先进性，作为一个科研人员，他的使命就是保证自己科研水平的先进性，为单位为油田为国家创造更大的经济效益和社会效益。在自己的专业领域，他严格要求自己保持高度的灵敏性，关注技术进展，更新自身的技术储备，始终保持在本专业领域的先进性；对于自己专业之外的领域，除了掌握基础，还要求自己深挖深理解，能够做到为我所用。

李庆洋的妻子李娜，1985年出生，于2014年毕业于中国石油大学（华东）地质资源与地质工程专业，比李庆洋早毕业三年。现就职于物探研究院油藏地球物理研究所，任副研究员。

李庆洋博士毕业后，受她的影响，也选择加入中原油田。就在同一年，他们的孩子出生了，小家庭添了一个新成员。像所有的父母一样，他们对这个新生命充满了期待和憧憬，李娜决心做一个好妈妈，爱她，悉心照顾她，还计划每天给她拍一张照片，记录她的成长。

夫妻二人爱他们的小家，心里更装着油田这个大家。作为共产党员，他们都怀揣着对石油勘探研究事业的热爱，矢志为石油事业做贡献。

新生命的到来给他们的小家带来了无限的欢乐，但随之而来的现实问题却摆在面前：两家老人都无法帮忙照看孩子，而作为单位骨干研究力量，加班加点忙工作、赶项目对于他们来说是家常便饭，带孩子和忙工作搅和在一起，经常把夫妻二人弄得有苦难言。

孩子一岁那年，夫妻二人的研究成果同时被选中作为物探技术交流会的展示内容。他们在欣喜的同时，看到孩子又犹豫了，因为交流会在威海举办，需要4天时间，可孩子还没断奶，离不开母亲。正当李娜考虑放弃时，院里了解到这个情况，院领导认为他们的研究成果在各自的领域都具有创新性，同时也是物探研究院在勘探实践中形成的突破性科研成果，值得对外宣传推广。于是，院领导决定，让他们带上孩子一起去。

成果发布当天，夫妻二人其中一个汇报时，另一个带孩子，轮流完成汇报展示。他们的汇报成果得到了与会专家的认可，这次交流会打出了物探研究院、中原油田的科研实力和水平，夫妻二人的研究成果也分别被SEG、EAGE两个勘探领域的国际会议接收。

时间流逝，孩子也在慢慢成长，两岁时，他们把她送到了托班。这一年，物探研究院开始逐步承担井位部署任务，李娜负责通南巴陆相，李庆洋也在单位和组织的关怀下组建了"李庆洋创新工作室"，他们两人身上的担子更重了，工作也更忙了。托班放学早，他们加班晚，大家和小家的事儿都不能耽搁，夫妻二人只有向工作要效率，和生活抢时间。

可孩子这么小，太需要人全心照顾了。李娜对李庆洋说了自己的想法：我先退守小家吧，等孩子大了再回来工作。

李庆洋却大声地问道：那你当初辛苦读这么多年书为啥？

是呀，人生的价值究竟在哪里？李娜也有自己想努力做出成绩的理想，知道放弃了肯定会后悔。想了很久，她决定积极对待未知，李庆洋也表示以后争取时间配合她的工作。

李庆洋是处理方向，李娜是解释方向，李庆洋处理出来的数据提供给李娜团队开展储层预测并进一步确定圈闭和井位目标，通俗来讲，就是李庆洋给地下做 CT，李娜团队根据出来的片子做出诊断，哪里是储层，哪里有油气。他们相互学习，在对方的鞭策下不断进步。

与此同时，孩子也开始适应了这个家庭的生活和工作模式，习惯了放学后在单位等他们下班，甚至把他们的办公楼当成了她的游乐场，活动范围逐渐从夫妻二人的办公室扩展到整个楼层。因为李娜和李庆洋在不同的楼层，所以两层楼里他们的女儿熟识了很多叔叔、阿姨，这样的生活让孩子的性格变得开朗活泼，从不害怕跟人相处（图 2-30）。

付出总有回报，李娜团队攻关形成通南巴陆相不同层系致密砂岩储层预测技术系列，技术成果为通南巴马 9、马10 等多口井位部署工作提供了技术支撑，提交陆相圈闭面积 226 平方千米，同时也被评为中原油田示范党员责任区。

李庆洋带领的团队也创新改进了多项最小二乘成像理论技术，攻克了复杂山地叠前深度偏移成像技术，实现了

图 2-30　李庆洋、李娜夫妇与女儿在一起

该项技术的从无到有的突破，完成普光大湾毛坝及通南巴海相 1254 平方千米的三维地震资料处理，显著提高了成像质量，为普光致密气和页岩气的勘探提供了资料基础，累计创收 2000 余万元。

　　李娜深知自己的双肩挑起的是事业和家庭两副重担，胸中装的是对"大家"和"小家"一样的眷恋，守护小家，融入大家，她努力用希望带来新的希望，用生命激活新的生命；走出小我，成就大我，不放弃、不懈怠，创造出了属于我们这个时代的青春和辉煌！她工作以来，已发表学术期刊会议论文 10 余篇，其中第一作者 6 篇；申请发明专利 8 项，授权 3 项；获中原油田科技进步奖 5 项；先后获中原油田"三八红旗手标兵""三八红旗手""专家论坛优秀奖""千人计划中原杯二等奖""优秀人才""优秀博士后研究人员"等荣誉称号（图 2-31）。

图 2-31　李娜在工作

　　夫妻二人的故事在 2022 年中原油田三八表彰会上宣讲，并获中原油田幸福家庭、濮阳市文明家庭、第八届感动油田人物等荣誉称号。

并肩作战

　　夫妻二人虽然是不同的研究方向，不同的工作流程，但他们合作共进，珠联璧合。李庆洋经常戏称李娜为甲方，但甲方没有享受到多少甲方该有的待遇，还经常被乙方拉着加班评价他处理出来的数据。日积月累，李娜学到了如何客观评价地震数据，李庆洋也跟着了解了解释知识，更有针对性地改善他的处理结果。

　　夫妻二人在遇到困难时始终用铁人王进喜的那句话鼓励自己：没有条件创造条件也要上！

　　给地下做 CT 难，根据出来的片子做出诊断更难，中原油田面临的勘探目标越来越隐蔽，储层薄、响应弱，在这种环境下找油气无异于海底捞针。现实与理想的差距可以磨平一个人的锐气，但却一次次激起了李娜的斗志。储层条件差，她带领团队攻方法（图 2-32）；没有技术支持，她自己写算法；无数个日日夜夜地翻资料、查书籍，方法重试、算法调试，最终形成裂缝型气藏地震描述方法技术系列，成功实现微小尺度裂缝地震识别，形成 5 项创新成

图 2-32　李娜（右三）与她的团队在工作中

果，提交 3 项发明专利，获油田科技进步奖 1 项，并被中国石油地质年会选中代表油田做技术宣讲。

　　他们相互学习，在对方的激励下不断进步，他们一起参加中原油田千人计划，分别获得了二等奖和优秀奖，他是中国石化优秀青年岗位能手、她是油田三八红旗手标兵。他们坚守初心，在科技攻关的道路上勇毅前行。作为共产党员，怀揣着对石油勘探研究事业的热爱，他们坚信自己的使命就是保证科研水平的先进性，为单位、为油田、为国家创造更大的经济效益和社会效益。

共创未来

时间流逝，他们的孩子已上小学，他们有了更多的时间全心工作，但是小状况仍然接连不断地出现。有一次两人承担的科研项目临时通知回濮阳汇报，要尽快修改完善汇报材料，孩子放学后，在两人的办公室轮流待，保证两人都有专心工作的时间。时间太晚了，他们就带着电脑回家，哄睡孩子又立马投入工作中，屋里静悄悄，只有断断续续敲击键盘的声音。整理完汇报材料另一个现实的问题出现了，两人都要走，孩子怎么办？其实院里早已想到，科办、团委、工会都找到他们提出各自想好的应对办法，最后安排一名同事把孩子接到了她家帮着照看，他们也不负众望，以前三的成绩完成了项目汇报。

为了工作他们多地奔波，孩子成了他们工作轨迹上的交点，一次次高铁站中的你来我返，是他们对孩子无声的托付。尽管辛苦，但仍心存感恩，感恩身边可敬可爱的同事，给予生活和工作上的莫大支持，为了这份感恩，他们不能停止前进的脚步。

付出总有回报，李庆洋带领团队创新改进了多项成像理论技术，完成普光通南巴 1254 平方千米的三维地震资料处理，为普光致密气和页岩气的勘探开发提供了高品质资料，累计创收 2000 余万元，带领团队研发基于国产处理器海光 DCU 的深度偏移成像技术，在国家超算中心通过测试，标志着中原油田自主研发的以国产硬件为载体的地震资料处理软件实现了从 0 到 1 的突破（图 2-33）。与

图 2-33　2022 年"五四"青年节李庆洋在做先进事迹报告

此同时，李娜带领团队先后攻关形成高分辨率烃类检测技术、致密砂岩储层预测技术、东濮页岩油甜点地震预测技术等多项成果，为普光页岩气、通南巴致密气和东濮页岩油的勘探突破提供技术支撑，支撑 10 余口井位部署，提交圈闭 116 平方千米，预测资源量 2741 万吨。

"看似寻常最奇崛，成如容易却艰辛。"人生之路很长，前进途中，有平川也有高山，有缓流也有险滩。这就是一个温馨的博士家庭，更是无数个积极奋进的油田职工家庭的缩影。他们踏实工作，潜心科研，为勘探开发提供有力的技术支撑，为油田高质量发展做出应有的贡献。心中有阳光，脚下有力量，为了理想能坚持、不懈怠，才能创造无愧于时代的青春和辉煌！

Chapter 03

第三章
铁人式的标杆集体

忆往昔，铁人等老一辈石油人艰苦创业、奋战荒原，铸就铁人精神如炬般炙热；看今朝，石油工业压舱顶梁、破浪前行，于沧桑巨变中赓续精神血脉，谱写石油新篇。

石油人踏着铁人脚步，赓续着铁人精神血脉，在石油工业史上创造新的辉煌。争做新时代铁人，才能锻造出一支"铁一般信仰、铁一般信念、铁一般纪律、铁一般担当"的石油铁军，才能成为党和国家最可信赖的骨干力量。

二 / 打造中原大地优秀博士后
集聚"强磁场"

中原油田隶属于中国石化集团，主要从事石油天然气勘探、油气田开发、石油化工和石油工程技术等业务，基地在河南省濮阳市。中原油田 1975 年发现，1979 年投入开发，现有用工 4.2 万余人，其中专业技术人员 1.1 万人。目前，油田建成东濮老区、川东北工区、内蒙古探区三个油气生产基地。东濮老区主要分布在河南、山东两省 6 市 12 县（区），川东北工区位于四川省达州市和巴中市，内蒙古探区位于内蒙古自治区，探明石油地质储量 6.216 亿吨、天然气地质储量 4833.36 亿立方米，具备年产油气当量 1000 万吨生产能力。截至 2022 年年底，累计生产原油 1.5 亿吨、天然气 1182.73 亿立方米、硫黄 2227.79 万吨，上缴税费 907.6 亿元，市场分布在国内 27 个地区、海外 9 个国家。先后获得全国五一劳动奖状、中央企业先进基层党组织等多项荣誉，连续六届被评为全国文明单位。目前，中原油田正在建设我国华北地区最大的百亿方储气库群，将为华北地区及黄河流域储气调峰、稳定供气提供保障。中国石化首个兆瓦级可再生电力电解水制氢示范项目——中国最大质子交换膜电解水制氢装置已完成调试安装，项目投产后，每天可生产超纯氢 1.12 吨，必将助力河南省郑汴洛濮氢走廊建设。

中原油田博士后科研工作站于 2001 年设立，2017 年取得独立招收博士后资质。建站以来，在河南省博管办的指导关心下，切实提高政治站位，以"服务博士成长，推进油田发展，促进地方经济"为目标，坚持数量与质量并重、使用与培养并重、管理与服务并重，加大引进力度，强化在站管理，注重作用发挥，构建了具有油田特色的"引进、管理、使用、激励"一体化博士后工作管理模式。累计引进博士后 156 人，目前留用和在站博士 78 人；获得国家和河南省博士后基金资助 67 项，获得国家科技进步特等奖 1 项、油田及以上科技进步奖 387 项，申请国家专利 765 项，2005 年以来连续四届被评为全国优秀博士后科研工作站（图 3-1），连续 12 年被评为河南省优秀博士后科研工作站，2019年被授予"全国青年文明号"荣誉称号。

图 3-1　2005 年以来中原油田连续四届被评为全国优秀博士后科研工作站

　　党的二十大报告强调，深入实施人才强国战略，把各方面优秀人才集聚到党和人民事业中来。近年来，中原油田深入学习习近平新时代中国特色社会主义思想，认真贯彻落实中央人才工作会议精神，以及河南省委和中国石化党组人才工作要求，深入推进人才强企战略，以博士后队伍建设为重点，厚植创新创业沃土，打造招才引才"强磁场"，让优秀博士后愿意来、留得住、用得好，为新时代高质量发展提供了强有力的高层次人才支撑，并受邀在河南省作交流发言。

一、用"好环境"招才引才

习近平总书记指出，"环境好，则人才聚、事业兴；环境不好，则人才散、事业衰"。环境作为影响人才集聚的关键因素，直接影响甚至决定着人才的追求方向和目标选择。油田坚持把创优环境作为博士后人才引进的保障工程，打好规划、制度、宣讲三张牌，构建积极开放有效的人才体制机制，让优秀博士后人才能来、敢来。

党委顶层设计，博士后管理体系完善。不谋万世者不足谋一时，不谋全局者不足谋一域。人才引进是一项系统工程、长期工程，让人才留心需要短期措施激励，更需要长效机制保障。油田党委坚持党管人才不动摇，围绕建设一流博士后工作站、打造创新型复合型博士后人才队伍的目标，先后制定了"十一五""十二五""十三五""十四五"博士后工作发展规划，确立了不同阶段的发展方向。强化人才工作"一把手工程"定位，对博士后工作实行工作站、工作站分站、基层单位和项目组"四级管理"模式，工作站成立工作领导小组，油田主要领导担任组长，成员包括组织人事、科技、财务等部门负责人，负责制定博士后工作政策规定、管理制度；领导小组下设办公室，配备专职人员，负责博士后引进及综合管理；工作站分站设在博士后所在单位，负责博士后日常管理、阶段考核、知识产权保护等工作；项目组以博士后为主，承担项目研究、现场试验、专利申报等工作。目前，油田设有博士后分站8个，项目组40多个，构建形成了油田领导挂帅、组织部门牵头、有关部门协调合作、分站单位发挥人才作用、项目组一心一意搞科研的工作格局，为博士后引进奠定了坚实基础。2020年，油田急需引进地球物理探测专业人才，开展国家重大专项卡脖子技术攻关。在与吉林大学博士孟祥羽对接课题过程中，了解到他受我国著名地球物理学家黄大年教授（研究项目突破国外技术封锁，让美国航母后退100海里）影响较大，怀有满腔报国热情。油田工作站多次与其电话沟通，工作站分站前往学校与其交流，邀请他到油田考察。原计划到长春卫星公司任职的他，被油田科研氛围和"三顾茅庐"的真心诚意所打动，2021年毕业后选择加盟中原油田，圆了在油气勘探开发领域为国奋斗拼搏的梦想。

制度配套完善，博士后工作运行规范。欲致鱼者先通水，欲致鸟者先树木。人才引进要靠干货政策、硬性措施，而好的政策和措施靠好的制度来保证实施。油田根据国家、河南省博士后工作精神，制定印发《博士后科研工作站管理规定》《博士后科研工作站分站管理暂行办法》《博士后工作专项经费管理暂行办法》《博士后公寓管理暂行办法》等 14 项管理制度和办法，涵盖博士后进（出）站、在站管理、日常考核、经费及福利待遇等内容，建立起一套科学规范的制度体系，为博士后人才引进保驾护航。同时，油田把博士后队伍建设作为落实人才强企战略的重要载体，充分挖掘发挥各种关于人才工作的政策优势，及时收集整理国家、河南省、集团公司、濮阳市有关引才惠才新政策新要求，编印《中原油田博士后管理工作制度汇编》《博士后工作手册》，为博士后引进提供了便利条件。近几年，油田聚焦项目管理做好制度配套，把博士后研究项目纳入分站单位科研项目管理，实行"一种管理制度，一套考核标准，一把兑现尺子"的管理办法，充分调动博士后人才的工作热情，他们用实际行动表达了对油田的钟情和信赖。中国石油大学（华东）李振春教授是油田引进的首位物探博士，2004—2007 年在油田工作站做博士后。其在站期间，油田落实制度要求，从科研选题、团队组建、平台搭建、经费申请等方面提供全方位保障，帮助他成功研发地震成像软件和技术，并在石化系统内得到广泛推广应用。油田博士后工作经历，让李振春与油田结下不解之缘。回校后，他多次带领专业团队来油田开展合作授课，先后将自己培养的 5 名博士生引荐给油田。

宣讲高位推进，博士后品牌深入人心。酒香也怕巷子深。博士后是提升企业科研水平的特殊人才，是青年才俊中的"千里马"。为让这些"千里马"主动来约，油田建立宣讲推介机制，采取多种渠道广发英雄帖，坚持走出去提高知名度，大力营造有利于吸引博士后人才来油田工作的环境。每年精心设计宣传册、宣传海报、多媒体等资料，提前在全国博士后网站、河南省博士后网站和有关院校网站发布招聘公告，积极宣传油田博士后政策，系统介绍发展战略、发展规划等内容，让博士了解油田，了解博士后工作站。以石油地矿类院校和科研院所作为引进重点，每年第一、第三季度，成立由油田副总师、组织人事部门、科技部门和二级单位首席专家、副总师、在站博士后等组成的引进工作组，分三条路线赴中国地质大学、中国石油大学、南京大学、吉林大学等 30 所高校召开专场宣讲会，介绍油田发展前景、引进政策等，与博士面对面交流，答疑解惑，加深博士对油田认识。实时关注人才招聘信息，每年参与国家博管办、河南省人社厅等组织的专场招聘，通过中国博士后专场、河南省"圆梦中原""招才留豫"、创新引智发展联盟等大型招聘活动，收集博士信息，邀请博士结合课题，吸引优秀博士后加盟。参加华东片区、东北片区专场招聘会，吸引综合类院校和社会机构博士来油田建功立业，扩大了油田博士后工作站影响力。与高校和科研院所建立合作机制，组织协调北京大学、南京大学等高校博士研究生团到油田进行暑期社会实践活动，扩大了油田在院校和博士生中的影响，截至目前，10多批博士团到油田参加社会实践。近年来，通过这种方式共引进博士30多名。

二、用"好事业"招才引才

事业因人才而兴，人才因事业而聚。人才和事业是相生相长、相互促进的。正如习近平总书记在中央人才工作会议上强调的，让事业激励人才，让人才成就事业。油田坚持把博士后人才引进当作培养和造就青年人才的重要举措来抓，下好项目、使用、培养三步棋，厚植人才建功立业、青春成才的沃土，让优秀博士后人才愿来、会来。

高端项目牵引，博士后出彩有机会。大舞台成就大事业，大事业吸引大人才。志存高远的优秀人才，往往拥有远大的理想抱负和干事创业的热情，注重事业前景和自我价值的实现。企业拿出重才用才的诚意，提供优质的资源项目，是吸引他们加盟的最主要因素。中原油田肩负着保障国家能源安全重任，承担着艰巨的石油天然气勘探和生产任务，国家、省部级重大（专项）课题、项目储备充足。油田利用承担高层次科研项目较多的优势，以省部级以上科研项目和重大工程为重点，坚持科研重点、自主创新和油田特色结合，每年编制项目需求计划，精心组织校园宣讲，为进站博士提供最优质资源和最高端项目，以最大诚意吸引博士加盟。近年来，油田每年都会高起点确定 100 余项科研项目供博士后选择，其中有国家重大专项，有中国石化重点研究项目和重大工程建设项目，也有制约油田勘探开发的瓶颈技术和基础性、前瞻性储备研究项目。这些科研项目给进站博士提供了高起点平台和直接参与高精尖课题研究的机会，让他们深切感受到了油田求贤若渴的心情，吸引了国内测井仪器专家天津大学教授沈建国、吉林大学研究生学生会副主席曹品鲁等一批优秀博士加盟。近 10 年的进站博士中，中国科学院和"985""211""双一流"院校毕业的博士占 80%。2021 年，中原油田承担了中国石化首个兆瓦级 PEM 电解水制氢示范项目。该项目的实施，填补了中国石化兆瓦级绿色制氢空白。河南省非常关心项目进展，省委书记楼阳生、省长王凯等主要领导先后到油田现场调研指导工作。浙江海洋大学教师李桂亮博士，考虑国内氢能发展前景和油田在风电、氢能等新能源领域的业务拓展和布局，希望能来中原油田提升自己，实现人生意义。他毅然辞职来到油田，自带设备投身新能源革命中，实现一名石油科研者的价值。

全面放手使用，博士后干事有舞台。成就事业是最大的尊重，用好人才是最好的关爱。自古以来，才为世用、尽展其能是人才最大的幸事。但凡人才，都有对事业的渴望，最怕英雄无用武之地，吸引他们加盟的最好办法就是放手使用，最大限度发挥他们的创新创造活力。油田坚持"人尽其才、才尽其用"的原则，以下属3个研究院、1个中心、30个专业研究所为支撑，为进站博士后提供最合适的岗位，支持博士后在推动企业发展的主战场挑大梁、当尖兵，在实践中拼搏出彩。瞄准制约新时代油田高质量发展的重点难点问题，搭建科研攻关平台，引导博士后"揭榜挂帅"，参加东濮凹陷、普光气田、内蒙古探区等勘探开发建设，组织联合攻关，突破技术瓶颈，加快推进科研成果转化应用；搭建技术决策平台，组织博士后参与重大科技工程论证、重要学术研讨、重点施工方案制定，深入四川、内蒙古、新疆等生产一线调研，为科研生产建言献策、提供支持。打通留用博士后使用通道，博士后出站后直接确定为油田优秀人才，也可聘任为基层单位专家。目前，留用博士后中，10人被聘任为处级干部，32人被聘任为油田专家、科级干部,在更高层次、更大范围发挥更大作用。建站以来,博士后累计承担科研项目700余项。其中,16名博士后参与国家重点工程——卫11储气库建设,建成投产我国华北地区最大天然气地下储气库群;7名博士后参与编写和修订高含硫管材、超深井钻井液等国家或行业标准,推动了中原特色技术体系建设;王学军博士创新提出了勘探开发新理论,指导探明及控制储量2660万吨,油田高质量发展奠定了资源基础;牛保伦博士攻关完成的二氧化碳/水交替驱提高采收率技术达到国际先进水平,增加可采储量487万吨,埋存二氧化碳55.3万吨,增油19.5万吨。

精准赋能培养,博士后成长有指引。人才如粒粒种子,事业似广袤沃野,种子离不开土壤,向上生长需要悉心栽培。博士后在站时间一般两至三年,这个阶段正是他们人生的成长期和创业期,在挥洒才华、实现价值的过程中,更希望能够在较短时间内迅速成长成才。院子里跑不出千里马,温室里长不出参天大树,油田结合博士后个人能力、特长、性格等因素,为他们量身定制职业发展规划,实行"双轨制"培养,铺就进站博士成长成才高速路。对思维活跃、协调能力强的博士,安排担任行政职务,参与单位日常管理;对视野开阔、科研能力强的博士，安排担任技术职务，参与相关科研项目的立项论证、课题攻关和成果验收。安排博士后参加"美国石油工程师协会（SPE）年会""渤海湾油气田勘探开发技术研讨会"等高端学术论坛，参加全国、河南省博士后创新创业大赛、中国石化青年科技精英赛等高端赛事，参加油田专家论坛、技术报告会、成果展示会，展示科研新成果，向专业技术人员讲解行业发展新动态，练就他们担纲领衔的本领。2021年以来，24名博士利用网络平台授课35场次，参训人数达6000余人次。精准的赋能路径设计，让博士后快速找到了自身成长的"黑土地"，调动了更多优秀博士的加盟热情。中国石油大学（北京）博士徐田武2009年加盟中原油田后，油田为他精心制定了技术型专家成长规划，让其承担集团公司级以上重大项目，平时有意从项目组织、节点汇报等方面给他压担子，培养其专业能力。通过几年基层科研单位行政副职、正职的岗位历练，徐田武博士的科研攻关水平、带队伍能力均得到明显提升，个人先后被选聘为油田专家、油田高级专家，成为技术头雁型人才。

三、用"好成果"招才引才

梧高凤必至，花香蝶自来。人才能不能引得来，关键取决于发展容器的大小，实践证明，哪里能出大成果、好成果，哪里就是吸引人才的强磁场。油田切实念好科技成果"能""快""好"三字诀，让人才如鱼得水、如鸟归林，充分释放成果在博士后引进中的倍数效应，让优秀博士后人才想来、快来。

供需紧密贴合，让博士后"能"出成果。科研课题的选择决定着项目的成败。其中油田需求与博士专长结合程度，是决定能否被评上好成果的前提条件。油田根据事业发展需要，每年开展博士后需求调查，结合专业技术和科技管理部门意见，提出博士后攻关课题，做到"以需求找项目、按项目找博士"。在确定博士后科研课题时，做到"三个坚持"，即坚持科研课题与博士研究方向、专业特长相结合，有利于博士选题；坚持突出科研重点、自主创新和油田特色，有利于科研攻关；坚持"单位紧缺、优势互补、难度适中、周期适宜"原则，有利于课题取得突破。对专业符合要求、有进站意向的博士，邀请来油田考察，组织专家、博士双向对接，实现研究项目与博士研究方向、专业特长紧密结合。在博士后完成开题报告后，组织专家从立项依据、研究内容、技术创新等7个方面进行项目论证，帮助博士后树立做好课题的信心，厘清研究思路、把握好研究重难点、有序推进课题研究，提高课题的研究质量。2022年，油田组织完成5名博士后开题论证、中期和出站考核，开题论证均一次性通过，考核结果优秀率在90%以上。中国石油大学（华东）博士李庆洋来到中原油田，油田结合他的专业所长，将其进站研究课题确定为"基于最小二乘偏移技术的高精度成像技术"这一国内物探领域公认的"卡脖子"技术，并以他为核心成立了项目攻关团队。李庆洋带领团队大胆创新，研发出一套针对普光探区的最小二乘偏移技术序列，实现该技术从无到有的突破。以这项技术为基础开展的科研课题，目前申请了3项国家专利，获得河南省科技进步奖1项、油田科技进步奖2项。李庆洋本人入选河南省青年人才托举工程项目名单。

全程评价指导，让博士后"早"出成果。水不激不跃，人不激不奋。油田坚持人才本事越大越好，是人才就让其发光，就让其展现出最有价值的自我。为帮助博士后攻坚克难，尽快取得创新成果，油田实行以"项目小组负责制"为主导的科研工作模式，对博士后每个项目节点都明确完成时限及标准，定期进行考核，加强评价指导，激励他们按计划完成科研任务。考核分为日常考核、季度考核、中期和期满考核。日常考核由分站单位负责组织，结合博士自查，主要考核政治思想、工作表现、团结协作和劳动纪律等情况。季度考核由工作站和分站共同组织，重点了解博士后科研项目进展、与导师沟通、培养助手、参加学术活动等情况，协调解决有关问题。中期和期满考核由工作站与流动站联合组织，采取答辩的形式进行；中期考核主要检查项目运行情况，校正研究方向；期满考核主要检查科研项目完成情况和研究成果目标实现情况，通过综合评价，提出是否同意出站意见。同时，建立项目组、分站和工作站自下而上的监督体系，对科研项目阶段成果不理想的博士，协调分站单位领导、专家、导师进行会诊、帮扶，提醒基层单位全力配合支持，提高科研项目成效。对科研项目进度较慢的博士，会同科技部门、分站单位分析查找原因，制定针对性改进措施，保证了科研项目顺利开展。近年参加中期和期满考核的博士后，优秀率均在90%以上。

内外资源借势，让博士后出"好"成果。引进人才是借智登高，用对了才有生产力，用活了才有创造力。油田充分考虑专业配套、能力互补、性格相投等因素，为博士后定制私人工作团队。每名博士后选配三名导师，聘请具有国际视野的院士、教授担任流动站导师，明确油田领导、高级专家担任工作站导师，指定实践经验丰富的基层单位领导、专家担任分站导师，共同指导博士后开展科研工作。同时，选配 3 至 5 名相关专业的年轻技术骨干担任助手，协助博士后完成研究任务。依托国家科技重大专项、中国石化集团公司科研设备更新计划经费支持，开展国家级重点实验室等基础设施和配套平台建设，购买和引进国际一流的科研仪器设备，保障博士后高水平科研项目攻关；每年根据科研需要，对科研急需的仪器、材料以及外送试验，急事急办、特事特办，目前建成国家级以及各类重点实验室 5 个，近 3 年投入科研经费近 10 亿元，在中国石化上游企业位居前列。同时，与中国科学院、吉林大学、郑州大学等 20 余所高校和科研院所建立联合培养博士后工作机制，邀请高校教授在科研思路、科研实践、工作方法等方面对博士后给予有效指导，避免博士个人陷入孤军奋战的境地。优越的科研条件，浓厚的科研氛围，为博士后人才提供了充足的筑梦空间。建站以来，博士后获得国家科技进步特等奖 1 项、省部级科技进步奖 65 项，在核心期刊发表论文 300 多篇。牛保伦博士创新工作室由 10 人组成，博士占 70%，自成立以来，聚焦提高老油田采收率、储气库建设等难题联合攻关，获得河南省科技进步一等奖 1 项、二等奖 1 项，中国石化科技进步二等奖 1 项，有力推动了油田二氧化碳 / 水交替驱提高采收率技术的发展和国家重点工程中原储气库群建设，团队先后获得全国工人先锋号、河南省青年文明号、中国石化五四红旗团支部、油田先进集体、创新创效团队等荣誉称号，彰显了油田博士后创新团队风采。

四、用"好待遇"招才引才

"士为知己者用，女为悦己者容。"人才的引进是诸多因素综合作用的结果，其中待遇保障发挥着柔性引才的作用。油田坚持把做优服务作为打通招才引才的"最后一公里"，围绕博士后安心、安身、安业综合施策，打造既有温度又有获得感的创新创业栖息地，让优秀博士后人才喜来、乐来。

人文关怀有温度，用暖心换安心。人才不是生活在真空中，唯有让其身无后顾之忧，其方可进而一往无前。油田坚持把加强人文关怀具体化，从解决住房、配偶就业、子女教育和医疗等基本需求入手，为博士后大开"绿灯"，让他们在油田找到家的感觉、感受家的温暖。对来油田考察的博士，报销往返路费，负责接送站，安排食宿，及时组织结合课题，让他们宾至如归。对100套博士后公寓统一装修、配好生活用品、配齐家具家电，供博士后免费入住，并实行24小时专业化管理、人性化服务，营造安居环境。用好河南省和濮阳市博士后政策，博士后配偶、子女如随其流动，协助办理户口迁落手续，协调安排博士后子女就读最好的学校，让他们后顾无忧。水务分公司苏三宝博士到油田后，油田根据博士后人才引进办法和待遇，将其配偶引进至水务分公司水务技术研发中心，并纳入博士后研究团队，协助开展气田产出水生化系统室内模拟实验，为博士后全身心投入科研营造了良好环境。每年组织健康检查，办理健身卡，定期组织羽毛球、篮球等比赛，保证博士后身体健康。每逢重要节日、亲属来访、博士后结婚、生育和患病时，安排专人走访慰问，让温暖关怀抵达每名博士后的心坎上。钻井工程技术研究院一名博士进站不久就被诊断为癌症，油田工作站和分站单位领导多次到医院探望，从郑州请来专家，在第一时间为其成功做了手术，使其及时得到康复。西南石油大学郭西水博士女儿患白血病，油田及时安排治疗、协调专家会诊，领导专门到北京探望，筹集善款30万元；中国地质大学（北京）李进博士母亲患病，油田组织捐款6万元，送上组织温暖。疫情期间，为博士配发口罩、消毒液、中药包等防疫物资3000余件，安排医护人员上门服务，增加了他们对油田的归属感和认同度。2022年，油田有3名博士出站，全都主动申请留在油田工作。

精神激励有魅力，用真情换真心。感人心者，莫先乎情，以诚感人者，人亦诚而应。油田重视对博士后人才的思想引领和政治吸纳，多措并举、多管齐下，营造正能量的工作氛围，让他们感受到被重视、感受到被认可。建立领导直接联系服务博士后制度，形成"党政领导＋技术人才"结对帮扶机制，每年中秋节、春节召开座谈会，油田领导班子成员全部参加，介绍油田发展情况，听取意见和建议。加强博士后思想联系，平日里不定期组织座谈交流、谈心谈话，组织博士后到红旗渠、焦裕禄纪念馆等参观，选派博士后赴中国石油大学、吉林大学、华中科技大学等知名高校开展项目研修，优先安排参与油田重大活动、观看文娱会演、北京奥运会比赛和参观上海世博会，帮助解决实际需求，增强他们对油田认同感和归属感。长江大学徐菲博士出站时，斯伦贝谢、贝克休斯等国际知名石油企业，用百万年薪邀请加盟，但他认为油田工作环境好、发展前景好、领导关心到位，经慎重考虑，最终选择扎根油田。每年多渠道、多形式选树博士后和助手典型，宣传先进事迹，展示优秀人才工作成果，推介经验，营造尊重人才、爱护人才、支持人才的良好社会氛围。情感上的深入交流，在激发博士后担当作为的同时，使"博士"与"博士"产生感情共鸣，吸引更多优秀博士后人才加入。目前，油田博士后100余人次荣获孙越崎青年科技奖、中央企业和中国石化青年岗位能手、闵恩泽青年科技奖、河南省优秀博士后，以及油田十大杰出青年及濮阳市优秀中青年人才等称号，扩大了博士后工作的影响力。女博士杜莉 2012 年于美国堪萨斯州立大学毕业后，投身普光气田开发，她主导研发的系列降耗利器年创效过亿元，研制的尾气焚烧余热回收锅炉售价只有洋锅炉的 38%，能耗降低 10%，其他技术指标均优于洋锅炉。她被油田评为"十大杰出青年"，被中国石化评为"感动石化人物"，她的先进事迹被广泛报道。

薪资待遇有引力，用价值换价值。俗话说，三军未动，粮草先行。吸引人才，稳定的收入兜底保障是基础。油田引入劳动力市场价位机制，对博士后人员实行年薪制度，并根据经济社会发展情况，及时调整薪酬标准，保持了引进博士的相对优势。对新入站的博士后发放安家费，并享受同油田职工一样的医疗、养老等统筹保险和住房公积金待遇。目前，在站博士后年薪收入与油田所属单位领导班子副职平均收入大体相当，通信费按油田中层干部标准核销，医疗、养老保险和住房公积金待遇按职工标准执行。近年来，受益于河南省博士后优惠政策，累计收到博士后安家经费、科研项目资助经费、博士后招收经费 200 余万元。2022 年，河南省持续完善政策，发放入站补贴

20万至40万元、安家费20万元，将博士后纳入高层次人才认定范围，提供住房补贴、子女入学、配偶安置等支持，有力激发了博士后创新、创效、创业热情。近期，经大力宣传河南省博士后引进优惠政策，已经和油田表示入站意向的博士达40余人。同时，油田对获得省部级及以上科技进步奖、留在油田工作的博士后，发放企业激励性年金，在油田工作满10年的奖励一套博士后公寓住房或发放安家费30万元。对做出突出贡献、科研成果在油田勘探开发中发挥突出作用、申请专利的博士后，加大奖励力度。博士顺利出站后，及时评定高级专业技术职务任职资格。李晓东博士获得省部级科技进步二等奖，工作站一次性奖励6万元。中国石油大学（华东）赵效锋博士，因科研能力强、成果应用效果好，出站后直聘为基层正职，年薪30万元。

三 打造全国一流应急救援排头兵

近年来，中原油田应急救援中心忠诚践行习近平总书记"对党忠诚、纪律严明、赴汤蹈火、竭诚为民"消防救援重要训词精神，坚决贯彻落实油田党委工作部署，聚焦"军事化铸魂、正规化塑形、精细化提质、专业化赋能"建设，着力提升"四种能力"，为打造一支特别讲政治、特别能吃苦、特别能战斗、特别能奉献的全国一流应急救援铁军提供坚强保障。中心先后 3 次被应急管理部记集体三等功，荣获"全国第一届 119 消防奖先进集体""全国应急管理系统先进集体""全国执勤练兵工作先进单位""壮丽 70 年奋斗新时代·感动石化人物"等荣誉称号。2021 年 11 月 5 日，作为石油石化行业唯一获得全国应急

图 3-2　2021 年 11 月，中原油田应急救援中心获得全国应急管理系统先进集体

管理系统先进集体的单位（图 3-2），派出代表受到习近平总书记的亲切接见。

一、军事化铸魂

坚持把"听党指挥、能打胜仗、作风优良"的军魂精神与石油精神、石化传统有机融合，激励干部员工听党话、跟党走。

强化理论武装，筑牢听党指挥的政治信念。系统制定学习计划，建立周一学法律、周三学业务、周五学政治"三学"机制。严格落实"第一议题"制度，深入学习党的十九届五中、六中全会精神，反复研学习近平总书记"七一"讲话和视察胜利油田重要指示精神，带动党员干部在学思践悟中提升判断力、政治领悟力、政治执行力。坚持学史明理、学史增信、学史崇德、学史力行，制定"1+4"工作方案，开展"7个100"特色活动，做实"六学六做"，编发简报21期，解决问题48个，不断从百年党史中汲取智慧力量，提升观大势、干实事、开新局能力。

传承红色基因，赓续石油石化的精神血脉。中心是油田唯一一家军事化管理单位，退（复、转）军人占75%，我们始终把传承石油精神、弘扬石化传统、涵养军人素养作为强根固魂的重要内容，落实"七有机制"，做到内化于心、固化于制、外化于行。围绕"对照军魂精神我们丢了什么，对照石油精神石化传统我们缺少了什么"主题，开展"要什么、是什么、差什么、干什么、为什么"专题讨论，激励干部员工强化思想认同，对标一流、攻坚创效。开展"五个不动摇"专题教育和"传承石油魂、感恩石油情、追逐石油梦"主题实践，唱响"我为祖国献石油"主旋律，始终把保障油田消防安全和驻地百姓安危的使命牢牢扛在肩上。

践行初心使命，强化忠诚履职的责任担当。常态化开展党的性质宗旨和队史教育，开展"分享荣光·共话使命"老同志（先进代表）与新队员对话交流活动，教育引导员工当好"传承人"，握好"接力棒"。特色化开展"学党史忆军史、红色经典我颂扬，站排头争第一、助力发展我担当"等主题活动，不断将职业使命感、荣誉感转化为"在经济领域为党工作"的生动实践。在油田组织的历届"感动人物"评选中，中心共有 7 届 6 人入选，涌现出"全国最美应急管理工作者"王庆银、中国石化"十佳道德模范"杨永峰等一批先进人物。

二、正规化塑形

坚持从规范化入手，建机制、抓落实、促长效，持续精准发力，推动思想政治工作走深走实。

建章立制促常态。树立"大政工"理念，将基层思想政治工作与防灭火救援、经营管理工作同部署、同检查、同考核，建立党委统一领导、党政共同负责、党政工团齐抓共管工作机制。制定基层思想政治工作实施意见和工作手册，抓实考核结果运用。对中心党委、行政重点工作进度实行跟踪督导、销号管理，全年下发工作通报 17 期，对工作落实不到位，考核末位的进行诫勉谈话，纳入绩效工资考核，推动基层思想政治工作全面规范、全面过硬。

抓好队伍促落实。紧跟改革调整和市场拓展步伐，优化党组织设置，选优配强党支部书记。聚焦政工干部"三懂三会三过硬"标准，分类开展支部书记、副书记、支部委员培训，组织参加油田层面轮训 7 期，自行举办赋能培训 4 期、业务能力提升培训 2 期，工作观摩 4 次，实现全员轮训一遍目标。针对中心点多面广、外部项目较多、用工成分复杂等实际，建立党建联合"1+5"阵地，推进外部市场项目党建共建，形成支部联合、工作联动、阵地联建、党员联心、业绩联创，实现思想互动、情感互融、效益发展。2021 年 1 月，上海项目部被应急管理部授予"先进政府（企事业）专职队"称号。

解决问题促实效。建立领导班子成员季度调研联系制度，定期深入分管单位、部门面对面倾听群众呼声，实打实帮助解决问题。建立员工信息档案，落实"一季度一主题"思想动态分析制，及时了解掌握员工所思所想、所盼所求。建立"逆行·家园"工建示范点，统筹建设健康驿站、职工书屋、EAP 关爱室，举办心理健康讲座、EAP 大讲堂，广泛传播 EAP 工作理念和基础知识，着力打造疏通引导"心通道"。紧盯员工"急难愁盼"，建立"党员

爱心帮扶队 + 外闯市场家庭互助 + 接力"帮扶平台，落实"五必访、六必谈"，做实"我为群众办实事"，先后解决员工就医、涉法、婚姻、借贷等问题 128 个。

三、精细化提质

坚持"四同四提深融合、实干担当比贡献"，不断增强基层思想政治工作的针对性和实效性。

设立"五大员"，架好"连心桥"。设立基层思想政治工作联络员、群众义务安全监督员、党风廉政建设监督员、员工健康管理员和民主管理员，充分发挥"五大员"身为群众、身在群众、和群众打成一片的优势，将思想政治工作融入日常。探索建立问、议、办、转、访服务员工"五步工作法"，"问"即通过线上线下方式收集了解员工诉求，"议"即及时研究解决问题的措施方案，"办"即落实专人专责帮助解决问题，"转"即权限范围内无法解决的转交上级有关部门协调解决或做好政策解释，"访"即对员工反映问题落实情况进行回访，确保问题彻底解决。

落实"五跟进"，守好"主阵地"。紧盯"人、车、酒、网、电、密"等关键岗位、重要节点和员工身体、心理、诉求变化，及时跟进思想、安全、廉政、健康、管理"五项重点工作"，全方位布设高清"探头"，洞察情绪变化，化解不稳定因素。文莱项目部曾有一名员工父亲去世，中心领导和原基层单位干部员工第一时间帮助解决后顾之忧，让远在异国他乡的员工深刻感受到组织的温暖和兄弟情、战友爱。

推行"六微法"，激活"新动能"。利用中心门户网站、微信公众号、党建钉钉群等新媒体矩阵，搭建"微平台"、开设"微课堂"、征集"微建议"、选树"微典型"、落实"微关爱"、开展"微服务"，把"人人都是中原应急、个个都是文明使者"的理念，转化为践行"人民至上、生命至上"的具体实践。2021年7月，河南省遭遇罕见洪灾，在党和人民最需要的时候，中心188名指战员按照油田党委指令，闻警而动，转战鹤壁、淇县、新乡、卫辉4个主战场，连续奋战13个昼夜，搜救转移被困群众3261人，彰显了中国石化、中原油田的责任与担当（图3-3）。

四、专业化赋能

紧紧围绕应急救援主业主责，抓融合、强队伍、树品牌，以高质量思想政治工作引领中心高质量发展。

紧贴使命砺精兵。坚持把练兵备战、精武强能作为安身立命之本，建立"三支队伍"人才5年规划和实施方案，设立"龙虎榜"，推行"揭榜挂帅"，纵深推进全员岗位练兵，激发干部员工在素质提升、科技攻关和急难险重任务中打头

图 3-3 参加"7·20"河南抗洪抢险

阵、当先锋、争第一。中心先后 13 次在省级以上消防技术
比武中夺金摘银，4 人荣获"全国青年岗位能手"称号；参
与制定企业标准 12 项，获省部级科技进步奖 11 项。2021 年
5 月，全国"应急使命·2021"地震灾害重大演习在四川雅
安举行，中心抽调 40 名党员骨干历时 43 天全程参与危化品
救援项目的设计、筹建和演练，打造国家级危化品救援"范
例"，被应急管理部荣记集体三等功，1 人荣立二等功。

　　紧贴消防强保障。坚持"教育跟着任务走，课堂伴随队伍行"，做到任务开展到哪里，思想政治工作就跟进到哪里。在 2021 年普光气田"大干 50 天决胜总目标"会战中，普光气防站通过组织开展张爱萍故居前讲党课、后江河畔忆传统、清溪 1 井旁讲战斗故事等形式，将生产会战与党史学习教育有机融合，开设"移动课堂"，激励干部员工学党史、忆初心、讲传统、担使命。全站干部员工坚持"三班倒"，连续 38 天轮流坚守在生产监护现场，有效确保清溪 2 平 1 井放喷等施工任务顺利完成。

紧贴效益促发展。坚持一边站好岗、一边闯市场，积极响应油田"走出去"号召，确立"一内一外一突出"发展战略。构建"专业化管理＋市场化服务"运营模式，凝心聚力打好拓市增效攻坚战。在油田增储增产增效攻坚战中，坚持党委靠前指挥、支部靠前攻坚、党员靠前战斗，将"夺旗争星""五比五赛"活动与思想政治工作进班组、进岗位、进家庭、进现场有机结合，激发全员创效热情。先后开拓 28 个外部项目，年创收入突破 2 亿元。

五、争做全国应急救援排头兵

中心现有专职消防人员 1200 余人，平均年龄为 37 周岁，大专以上学历人员占比 70% 以上。拥有国内专业的危险化学品救援队伍"国家危险化学品应急救援中原油田队"。曾成功处置震惊全国的卫146井、濮3-347井、清溪1井等特大井喷火灾，参加过四川汶川、云南彝良、四川雅安等特大抗震救灾，先后被公安部授予"全国首届119消防奖先进集体"、中华全国总工会授予"抗震救灾工人先锋号"，1人被党中央、国务院、中央军委授予"全国抗震救灾模范"荣誉称号，2021年荣获首届全国应急管理系统先进集体，32人次获得省部级以上荣誉称号。

培养和历练了一批理论功底深厚、实战经验丰富的指战员，在全国危化品救援技术竞赛及河南、四川、海南、湖北等省组织的消防和应急救援技术比武中多次夺冠，4人荣获"全国青年岗位能手"称号；多次在全国安全生产应急管理工作会议、全国石油石化系统消防工作会议上介绍典型经验。

拥有国内领先的专业的消防救援设备，现有通信指挥车、消防坦克、云梯、高喷、涡喷、干粉、泡沫、水罐、排烟等各类消防车辆161台，气防、侦检、救生、洗消、破拆、堵漏、监测、个人防护等抢险救援器材10大类217种（套）4万余件；可处置有毒气体泄漏、火灾爆炸、交通事故、井喷失控、环境灾害、自然灾害等救援任务。

建成了全国唯一的危化品救援实训基地"国家危险化学品应急救援实训演练濮阳基地"，总占地面积约为20万平方米。基地建有世界先进的石油化工装置真火燃烧、电子信息对抗、心理素质拓展、水上救援、建筑消防设施等应急救援训练系统，融合了美国农工大学 Texas 事故仿真训练系统、肯尼迪机场防恐应急训练系统和德国真火训练系统的技术标准，共有 91 个着火点，30 个爆炸点，2000 个隐患识别点，200 个泄漏侦检堵漏点，可模拟开展石油化工、地震、高层建筑、水上救援等 13 类 130 余项抢险救援科目的训练，集应急救援培训、考核、演练、研讨、竞赛为一体，是目前国内门类最齐全、功能最强大、最贴近实战的应急救援培训基地。

基地开设中高级消防指挥员、消防战斗员、防火检查员、企事业单位消防安全管理人员和易燃易爆重点岗位员工等相关专业培训。可颁发国家安全生产应急救援培训、中国石油化工集团公司专业培训、消防应急管理人员资质取证培训等证书，可依托国家职业技能中原油田鉴定站开展消防战斗员、灭火救援员、消防检查员等技能等级鉴定，是国内目前可颁发消防救援职业认证资格最多、最全的培训机构。

中原油田消防应急救援队伍继续以"争做全国应急救援排头兵"为奋斗目标，借鉴吸收当今世界前沿救援技术成果，实行专业化管理、区域化运作、市场化服务，进一步提升队伍的正规化、专业化、职业化水平。

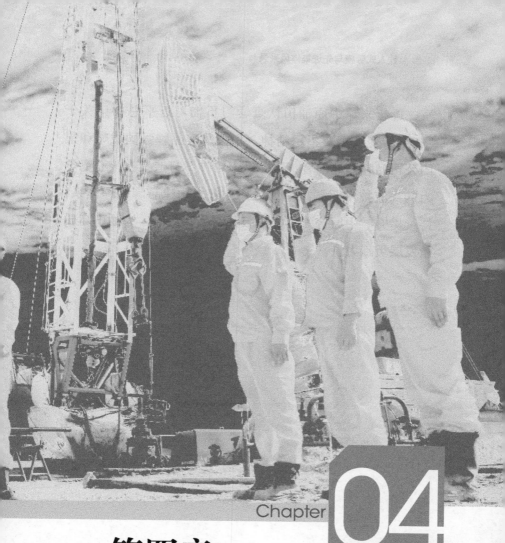

Chapter 04

第四章

以"铁人精神"打造油田品牌

近年来，中原油田认真学习贯彻习近平总书记关于"三个转变"重要指示精神，积极落实品牌强国战略和集团公司品牌建设部署，以"铁人精神"打造具有核心竞争力的一流技术服务品牌为目标，着力构建品牌管理体系，持续提升"中原普光、中原服务"品牌价值，为油田高质量发展贡献力量。

一／ 精心打造中原油田品牌

一、品牌建设之路

    中原油田是我国最后一个以大会战形式建设的油田，1975年发现，1979年投入开发。中原油田的品牌建设伴随着46年的改革发展历程不断成长，逐步构建起特色鲜明的品牌管理体系。主要历经三个阶段：1988—2004年，油田产量在1988年达到722万吨峰值后大幅下滑，资源接替不足、油少人多矛盾突出，时值计划经济向市场经济转型期，油田确立"立足中原、面向全国、走向世界"的发展战略，油田钻井、地面工程等专业化队伍率先走出国门，在海外打响了中原ZPEB品牌，是油田品牌发展初期。2005—2019年，油田大力推进油公司体制机制改革、"四供一业"移交办社会等一系列改革措施，整合专业队伍优势，构建油气开发、油气服务、公共服务三支队伍，外闯市场、创树品牌。2017年9月，油田四次党代会提出打造"中原普光、中原气服、中原服务、中原文化、中原党建"五大品牌，其中中原文化和中原党建为中原普光、中原气服、中原服务三大品牌提供文化支撑和党建引领。油田品牌建设整体架构基本形成。2020年以来，油田深入贯彻新发展理念，加快构建新发展格局，围绕集团公司"一基两翼三新"产业格局和世界领先发展方略，提出"四个一"发展目标和"一主两服三优"工作布局，发挥技术、产业、人才优势，集中打造"中原普光、中原气服、中原服务"三大技术服务品牌，形成"三个业务品牌＋少量优质产品类品牌（华大利精细化工产品、龙乡源矿泉水、普光硫黄）"的品牌架构，品牌建设进入了新的发展阶段。

目前，"中原普光"品牌聚焦"世界领先高含硫气田安全开发者"定位，形成了规模、技术、经验及人才"四大优势"，为长江经济带沿线80多个城市、近2亿人口提供清洁能源，硫黄产量占全国总产量的40%；中原气服围绕"石油天然气技术服务承包商"定位，中原服务围绕"专业化公共服务提供商"定位，形成了天然气全产业链技术服务品牌规模效应，实现了水务、电力、燃气、热力等一体化服务，累计承揽外委项目 344 个，队伍覆盖国内 25 个省、区、市、海外 12 个国家。中原普光被评为"中国石化十大优秀技术类品牌"，中原服务获"中国企业品牌创新成果""中国石化品牌营销十大优秀案例"等荣誉。

二、齐心协力打造品牌

一是强化品牌顶层设计，管理水平不断提升。健全管理体系。品牌建设纳入"一把手"工程，成立了品牌管理领导小组，明确品牌建设牵头部门、责任部门和相关单位，健全品牌建设考核、奖励体系，设立外部市场专项奖，将外部市场翻番工程纳入油田十大重点工程，将市场开发典型选树纳入油田系统表彰，将品牌建设纳入油田党建考核内容，并配备专兼职管理人员，提供资金保障，有效打牢了品牌建设基础。树牢品牌意识。构建品牌核心理念体系，采取学习宣贯、教育培训、座谈研讨等方式，将品牌建设作为油田形势任务重要内容常态化宣讲，在新闻媒体开设"品牌行动"专栏，讲明品牌定位和竞争优势，开展"品牌因我出彩、我为品牌代言"活动，广泛征集品牌标识、品牌故事和品牌微视频，切实增强干部员工对油田品牌的认同感、荣誉感和使命感。加强人才培养。深入实施人才强企工程，把品牌建设工作纳入年度培训计划。举办油田品牌大讲堂、品牌论坛，邀请中国质量协会、集团公司专家做专题讲座。定期组织业务骨干参加油田品牌建设培训班，发动全员参加集团公司品牌建设与管理网络培训，选送青年骨干参加集团公司海外形象传播培训班，为打造一流品牌提供人才支撑。

二是强化品牌宣传推介，传播效能不断提升。提高媒体关注度。持续加大油田品牌对外宣传力度，先后邀请《人民日报》、新华社、《工人日报》、《经济日报》等中央和省部级媒体，参加油田"品牌创优"媒体见面会、"万里征程万里行"集中采访、"打造一流品牌 赋能高质量发展"主题活动、社会责任发布会，在省部级及以上媒体刊（播）发品牌相关报道400余篇，有力提升了中原品牌知名度和美誉度。提高行业认可度。积极参加国内石油石化行业博览会、濮阳油气技术装备展览会，定期深入业主单位、目标市场，面向合作方开展"EAP万里行"、文艺慰问演出等特色活动，加大目标市场所在地主流媒体、地方政府的推广力度，制作品牌专题片、微视频、公益广告，编印品牌宣传册、品牌故事集，多形式、多渠道、全方位宣传推介中原品牌专业技术优势、管理服务水平，为构建"四区三线一周边"市场格局夯实基础。提高公众信任度。

以宣传油田品牌为主题，坚持每月开展公众开放日活动，累计开展线下活动 80 期、线上活动 5 期，迎接 4526 名社会公众线下参观、110 余万人次线上"云游览"。组织主题突出、形式新颖、感染力强的品牌广场文化活动 8 场次，创作文化文艺作品 50 余部对外演播，生动、立体展示了油田品牌建设新举措、新成果，成功搭建了企业与社会公众互信互利桥梁。

三是强化品牌核心支撑，竞争优势不断凸显。坚持技术强牌。加强品牌主营业务核心技术攻关，拥有油气勘探开发、天然气处理、高含硫天然气净化、储气库运维等系列关键核心技术，重点打造油气勘探咨询、采油技术、天然气技术、检测化验、公用工程、后勤服务"六个"业务链，利用油田现有技术优势"强链"，巩固现有业务"稳链"，获得国家、省部级科技进步奖 372 项、专利 796 件，持续推动技术服务、公共服务系统升级，突破同质化竞争。坚持质量铸牌。牢固树立"质量永远领先一步"的理念，制定质量诚信建设实施意见，健全水务、电力、热力等 8 类专业服务标准体系，制定煤化工化学水等 25 项企业标准，拥有资质证照 8 类 126 项，建立了中原服务质量评价模型，连续 4 年引入第三方专业机构进行评价，客户满意度达到"非常满意"，收到合作方感谢信 100 余份。

坚持诚信固牌。印发《中原石油勘探局有限公司质量诚信建设实施意见》，构建"1+4"市场开发管理制度体系，持续规范市场管理，切实做到合规经营、诚实守信。油田获得"中国企业信用评价 AAA 级信用企业""河南省质量诚信体系建设 AAA 级企业"等荣誉。

四是强化品牌资产管理，形象声誉不断美化。加强标识管理。明确品牌标识推广应用要求，规范中原气服和中原服务名称和标识管理，制定打造中原油田业务品牌形象意见，组织设计中原气服品牌图形标识，加强三大品牌标识目视化管理，确保品牌标识统一规范。加强依法维权。完善品牌资产保护体系，加强对商标和字号的管理保护，严格履行审批程序，明确要求不得擅自变更商标标识，并实时监控、调查、评估品牌资产保护状态，积极防范恶意注册、高度模仿等各种侵权行为，有效维护了品牌合法权益。加强风险管理。建立品牌危机预警机制和风险规避机制，制定《中原油田互联网舆情信息工作实施方案》和《网络舆情和信息安全应急预案》，建立月度新闻宣传联席会议和月度网络舆情联席会议制度，健全品牌预警机制，强化风险源头管控，做好正面舆论引导，不断优化品牌舆论环境。

五是强化品牌国际化建设，市场规模不断扩大。拓展市场布局。立足"双循环"新发展格局，在满足国内强劲内需市场的同时，放眼世界开辟海外市场，抓住"一带一路"建设、国际产能合作等战略机遇，积极推进油田业务品牌专业化发展、市场化运作、国际化布局，目前油田海外市场覆盖加纳、伊朗、沙特、文莱等 12 个国家，同时积极推进斯里兰卡、尼日利亚等国际项目洽谈合作。提升海外形象。选树海外品牌形象代言人，征集国际传播案例，主动讲好品牌故事、展示好品牌形象。中原气服陈平文、加纳"倒开车"经理赵发军、驯服伊拉克米桑油田"怪兽"的杜红换的事迹在中央电视台《华人世界：筑梦一带一路》栏目播出。2020 年，中原气服文莱项目案例《文莱大摩拉岛的救援尖兵》被评为"中国石化国际形象建设十大优秀案例"。伊朗项目卢富强在新冠疫情最严重时期，独自在伊朗项目坚守 10 个月，确保了项目如期平稳运行，在海外打响了中原气服品牌，2021 年入选"中国石化优秀海外传播案例"。履行责任担当。主动承担对客户、合作方、政府机构、当地居民等利益相关方的社会责任，推动业务所在国经济社会发展，实现品牌价值变现。中原气服参与加纳援建项目时向当地居民、学校累计捐赠衣物 1600 余件，捐赠书包、足球等文具、体育用品 300 余件，组织员工去学校教孩子们打太极，学写汉字，每一个见到项目部员工的孩子都会喊"中国，good！"项目投产成功后，加纳总统当面感谢"中国让加纳人民度过第一个不停电的圣诞节"，助推了海外市场的开拓和品牌国际形象的塑造，也彰显了中国央企的责任担当。

二／"中原普光"：打造世界一流高含硫气田品牌

加快天然气开发利用是我国推进能源生产和消费革命，构建清洁低碳、安全高效的现代能源体系的重要路径。随着中国东部陆相油气田相继进入高含水期，国家经济发展迫切需要在天然气富集之地——四川盆地寻找新的资源接替。为保障国家能源安全，促进经济社会发展，几代石化人艰苦探索、不懈努力，于2003年在四川盆地东北部发现了首个千亿级高含硫大气田——普光气田。

找气田难，但安全开发气田更难。高含硫气田因其高风险性，一直是天然气开发领域的禁区。著名的石油工程专家，中国工程院院士罗平亚如是说："在四川找气田困难很多，但不一定是世界级难题，而要将普光气田成功开发出来，却是世界级的难题。"普光气田"三高一深"的特点，让大规模开发成为世界级难题，国内外没有太多的经验可借鉴。

为响应党中央能源安全战略，在集团公司的正确领导下，中原石油人勇挑重担，攻坚克难，用5年时间建成国内第一个超百亿立方米高含硫大气田，亚洲第一、世界第二大天然气净化厂，2009年实现一次投产成功，并安全平稳运行至今，创造了巨大的经济和社会效益。"中原普光"在建设过程中创造了"普光速度"，开发生产坚持以"安全、绿色、高效、持续稳产"为中心，自投产以来，保持零伤亡、零事故、零污染，形成独具特色的高含硫气田品牌"样本"。

"中原普光"是以普光气田开发管理运营为依托的技术类品牌。品牌建立以来，以习近平总书记"推动中国制造向中国创造转变，中国速度向中国质量转变，中国产品向中国品牌转变"重要论述为指引，以百亿立方米高酸性碳酸盐岩气藏安全开发技术为依托，以打造"世界一流高含硫气田开发管理企业"为目标，以立足普光、走出普光、发展普光为主基调，加快打造成为全球天然气开发领域具有核心竞争力、高附加值和自主知识产权的知名技术品牌，助推普光气田高质量健康发展。

一、品牌发展历程

第一阶段：品牌初创。一个好的品牌规划，等于完成了一半品牌建设。"中原普光"品牌在集团公司的周密部署下，中原油田齐力开发下，从无到有一步步发展而来。一是安排部署会战队伍。按照集团公司打造"安全工程、效益工程、优质工程、生态工程、阳光工程"的建设目标，举全油田之力调集多路精干力量，发扬新时期"铁人精神"，以高科技破解高难题，以高质量创造高指标，开启了"中原普光"的会战。二是开发建设创造"普光"速度。从 2005 年 12 月 28 日，第一口开发井 P302-1 井开钻，到 2009 年 6 月 18 日最后一口开发井 P105-2 井完井，历时 1268 天。2008 年 8 月 30 日，首口试气求产井 P302-2 井酸化压裂施工圆满成功，创造了 6 项国内新纪录。历经 3 年，国内第一个百亿立方级高含硫天然气净化厂顺利建成。2010 年 8 月 31 日，正式投入商业运营，天然气源源不断地进入长江沿线，开了我国酸性气藏成功开发建设的先河，缔造了"普光速度"。三是成功投产做贡献。2012 年 7 月 31 日，"中原普光"全面建成投产，为中原油田跻身千万吨级油气田行列，做出了重要贡献，中原石油人奋斗了几十年的梦想变成现实。在气田勘探中，在开发钻井中，在管线铺设中，在站场建设中，在抵御洪涝中，在抗震救灾中，普光石油人一次次挑战极限，一次次忘我奉献，"中原普光"的名字一次次出现在公众面前。

第二阶段：品牌成长。品牌成长就像雄心勃勃的运动员从单项冠军开始挑战十项全能冠军一样，不断地探索、挑战，前方没有终点，"中原普光"正是在不断挑战和探索创新中成长。一是开发科学，开发管理高含硫气田，把"毒气"变成"福气"，需要勇气和智慧，气田管理者深化高含硫气田开发规律和管理特点的认识，加强外围勘探和海相、陆相评价，完善开发管理技术系列，不断提升科学开发管理水平，向着绿色、安全、高效、持续稳产的目标不断迈进。二是管理领先，仅用5.3年的时间就收回全部投资，比原计划提前了两年，气田生产全过程始终处于安全受控状态，保持了普光气田在高含硫气田开发领域的领跑者地位。三是技术先进，"中原普光"所走过的创新之路和取得的技术、标准及工程建设管理经验、气田停产检维修经验，已成为高含硫气田开发运营的中国样本，被整体复制到元坝等气田开发建设中，"中原普光"在不断成长。

第三阶段：品牌发展。任何品牌的发展都离不开传播，打造品牌核心竞争力，扩大宣传力度，不断提升品牌知名度和美誉度。一是 2017 年 4 月，国务院批准将每年的 5 月 10 日确定为"中国品牌日"。油田四次党代会明确提出打造"五大品牌"，推动千万吨级油气田高质量发展。自此，"中原普光"品牌建设进入了新的发展阶段。二是 2018 年普光分公司第一次党代会提出围绕"中国高含硫气田开发管理第一品牌"定位，塑造"政治先进、管理先进、技术先进、文化先进"的"中原普光"品牌形象。在中国石化首届优秀品牌投票评比中，"中原普光"以 14000 多票，排在技术类品牌第二名。三是随着国家"一带一路"倡议的实施，美国、加纳、伊拉克、哈萨克斯坦、土耳其、阿根廷等国家的石油公司，先后组织高层领导和技术专家来此参观交流。2016 年，承揽伊拉克米桑油田含硫天然气处理厂投产试车保运项目，意味着普光高含硫气田自主创新形成的系列技术打开了国外市场，标志着"中原普光"正在逐步走出中国，走向世界。

二、打造品牌举措

品牌概览

品牌名称：中原普光

品牌定位：中国高含硫气田开发管理第一品牌

品牌形象：政治先进 文化先进 技术先进 管理先进

　　　　品牌文化：企业精神：责任聚变能量 创新成就梦想

　　　　　　　　企业理念：严细准确 争创一流

　　　　　　　　　　　　安全第一 生命至上 生态无价

　　　　　　　　　　　　学习中成长 实践中成才

　　　　　　　　　　　　攻坚克难 敢为人先

　　　　　　　　　　　　和谐 合作 共赢

　　　　品牌口号：高含硫气田开发管理专家

指导思想和基本原则

指导思想

以党的十九大精神为指针，深入贯彻习近平新时代中国特色社会主义思想，落实"中国产品向中国品牌转变"的要求和油田四次党代会精神，围绕立足普光、走出普光、发展普光的主基调，坚持党建引领、安全第一、技术领先、高产高效、创新发展的道路，以技术为核心、市场为导向、服务为龙头、人才为基础，加快将"中原普光"打造成为天然气开发领域具有核心竞争力、高附加值和自主知识产权的知名品牌，进一步加快创新、优化管理、推动企业升级，用品牌建设助推普光气田发展。

基本原则

普光为主，油田指导。在油田的宏观指导和上级政策支持下，充分利用自有的经验、技术、人才优势和全媒体阵地，积极推进普光气田品牌建设，加强品牌的培育、宣传和保护。

自主创新，保持一流。依靠科技进步创建品牌，把增强自主创新能力和提高管理水平，作为增强品牌竞争力的根本途径，加大科技投入和人才队伍建设，搭建"产学研"平台，保持"中原普光"在高酸气田开发领域的领先地位。

立足普光，放眼全球。在练好内功，抓好技术和管理水平提升的同时，眼睛朝外，借势国家"一带一路"倡议，积极在全球范围推介"中原普光"品牌，在国际高酸气田开发市场中争取份额。

各方联动，形成合力。动员气田各单位、部门和个人积极参与和推动品牌建设，建立上下联动、内外并进、促进有力的品牌建设机制，形成"人人参与品牌建设，人人都是品牌大使"的生动局面。

主要措施

提升品牌意识。充分利用全媒体，大力宣传、解读国家和集团公司对品牌建设的指导意见，举办专题讲座，宣讲品牌建设对企业发展的重要意义，把"做企业就是做品牌，一流企业要有一流品牌""品牌也是生产力，自主品牌是企业的核心竞争力""品牌是企业的无形资产，是实现保值增值的重要途径"三大理念，融入气田发展，融入日常工作，引起全员共鸣。

夯实品牌基础。在对外宣传报道、交流合作、产品研发、专利及标准申报中，统一规范"中原普光"品牌名称。加强自主知识产权的保护和应用，利用已掌握的高含硫气田开发理论、技术和标准等完整的知识体系，完善制定相关标准体系，占领相关标准制高点和话语权，引领行业发展。加快技术创新体系和技术服务体系建设，不断提高核心技术的原始创新、集成创新和引进消化吸收再创新能力，保持"中原普光"在高含硫气田开发领域的技术、标准领先地位。

建立激励机制。建立品牌建设奖励制度，鼓励支持各专业和单位，积极巩固完善核心技术、自主知识产权，并携带"中原普光"的技术标准、发明创造、人才队伍和意识形态等"走出去"，推广、宣传"中原普光"品牌形象。每年5月10日"中国品牌日"，组织召开一次品牌建设交流会，认真总结查找品牌建设工作中的亮点和难点，对在品牌推广中取得成绩的单位、部门及个人给予奖励，纳入集体和个人评优。

三、品牌实施成效

普光气田以"打造世界一流高含硫气田"为目标，发扬"责任聚变能量 创新成就梦想"的普光精神，坚持"严细准确 争创一流"的经营理念、"安全第一 生命至上 生态无价"的安全环保理念、"学习中成长 实践中成才"的人才培养理念、"攻坚克难 敢为人先"的科技创新理念、"和谐 合作 共赢"的油地关系理念，塑造"政治先进 文化先进 技术先进 管理先进"品牌形象，搭建"产学研"平台，构筑高含硫气田开发的人才与技术高地，在管理效能、科技创新、安全环保上保持世界领先、国际一流，获全国五一劳动奖状、中央企业先进基层党组织等多项荣誉。

坚持安全绿色生产，开展安全文化建设，普光"SS"安全文化深入人心；归纳形成五大专项环保管理指南，攻克高含硫气田产出水处理难题，实现"零排放"，创新硫黄回收尾气深度处理综合技术，总硫回收率99.91%，获四川省"环保良好企业""环保诚信企业"称号，成为石油石化行业在川企业中唯一获此称号的单位，气田正式列入国家级绿色矿山名录。

依托国家科技重大专项，针对气田开发生产中存在的问题开展攻关研究，形成了特大型高含硫气田高产高效、腐蚀防护、天然气净化等 5 项创新技术，荣获 2012 年度国家科学技术进步特等奖，获得省部级科技进步奖 24 项，授权发明专利 17 项、实用新型专利 47 项；制订 4 类 70 项技术规范，在气田开发、天然气集输、净化、安全环保等方面起到重要的支撑作用，普光气田成为国内首座大型高含硫气田开发示范基地。

在保障国家能源安全上贡献力量。安全运行 10 多年来，为长江经济带注入了"绿色动能"，累计生产天然气 650 多亿立方米，惠及四川和长江沿线 80 多个城市、数千家企业、近 2 亿人口，成为长江上游生态建设的旗帜，对促进产业结构调整和区域经济社会发展发挥了重要作用。同时，将天然气中剧毒的硫化氢变害为利，气田年产硫黄能力达到 210 万吨，使我国硫黄产量翻番，并远销云、贵、川、渝等九省、市、自治区，减少了进口，缓解了我国化肥原料的紧张局面。

作为国内第一个成功开发的百亿方高含硫大气田，"中原普光"攻克的是高酸气田开发建设中遇到的诸多世界级难题，意义重大（图 4-1）。

在引领高酸气田发展上贡献力量。普光气田作为国内首个成功开发的高含硫气田，打破了国外企业的技术垄

图4-1　工作人员在为中小学生开展"中原普光"科普活动

断，使我国成为世界上少数几个掌握海相高含硫气田开发核心技术的国家之一，利用先行先试的优势，不断丰富高含硫气田安全开发技术体系，并通过技术和人才输出，支持国内同类气田开发。

在提升国产装备质量上贡献力量。普光气田在安全高效开发的同时，积极推进关键物资和装备国产化改造、应用，带动国内石油工程装备、炼化装置、相关材料的产业升级和结构调整，提升了我国高抗硫装备的国际竞争力。

展望未来，"中原普光"将始终心怀"为祖国争光、为石化争气"的初心使命，以保障国家能源安全、助力碳达峰碳中和为己任，围绕打造世界一流高含硫气田开发管理企业的目标，巩固和发挥"一体两业三新"布局优势，积极融入国家"一带一路"倡议和国内国际"双循环"的发展格局，在全球天然气开发领域中发挥品牌优势，参与全球高酸性碳酸盐岩气藏开发市场竞争，争创石油石化行业民族高端技术品牌，实现品牌创效、品牌强企。

三 / "中原服务"：全力打造国内知名服务品牌

中国石化贯彻习近平总书记"三个转变"重要指示精神，大力实施品牌强企战略，出台品牌建设指导意见、开展"品牌创优、品牌创效"等举措，为品牌建设提供了政策支持。中原服务是中原油田公共服务板块，现有员工1.29万人，涵盖水务、电力、通信等30项业务；拥有各类资质76项。油田坚持以用户需求为导向，以价值创造为引领，做优中原服务品牌，形成了具有较高影响力和竞争力的服务品牌。2018年，中原服务荣获"中国企业品牌创新成果"。

中原油田是我国最后一个以大会战形式建设的大型油田。经过40多年勘探开发，资源基础薄弱、人员多、效益差的问题突出，服务保障能力过剩。中原服务作为历次改革的"蓄水池""大后方"，接纳了分公司、石油工程重组上市和"三产"改制等分流的富余及老弱病残人员。"四供一业"分离移交，留存人员安置压力大、创效盈利能力薄弱等矛盾更加凸显。随着供给侧结构性改革深入推进，新业态新产业迅速发展，为开拓市场、转型升级提供了机遇；但受国家宏观经济下行和持续低油价的影响，市场竞争更加激烈。中原服务由业务竞争的红海跨入品牌竞争的蓝海，必须实施品牌战略，提升品牌价值，为中国石化品牌建设助力添彩（图4-2）。

图4-2 中原油田获"中国企业品牌创新成果"

随着国有企业全面深化改革以及剥离国有企业办社会职能的加快推进，中原油田公共服务、后勤服务板块保障能力过剩、人员多矛盾突出，转型发展势在必行、迫在眉睫。"中原服务"队伍不等不靠，围绕"争创中国石化优秀、国内一流服务品牌"目标愿景，大力实施"走出去"战略，取得了良好业绩，赢得了市场信誉，树立了品牌形象。

"中原服务"坚持以做专业务强品牌。中原油田按照"专业化发展、市场化运作、一体化统筹"原则，整合各单位"小而全"公共服务、后期服务人员，优化组建成16家"中原服务"专业化服务单位，全面提升专业化服务能力，主要业务包括水务、电力、热力、燃气、信息通信、酒店餐饮、物业服务、技能培训与鉴定、医疗服务、职业卫生、司驾服务、文创、档案管理等；拥有市政公用工程、石油化工工程、通信工程施工、机电工程施工、承装电力设施等资质证照70余项，可为服务居民生活、保障主业生产提供成龙配套服务。

"中原服务"坚持以做优品质筑品牌。健全水务、电力、热力等8类专业服务标准体系，制订煤化工化学水等25项油田一级企业标准，加快标准提档升级，引领服务质量提升。制定质量诚信建设实施意见，建立中原服务质量评价模型，加强全面质量管理，推广先进质量管理工具，增强高品质服务供给能力，赢得了客户赞誉，收到合作方感谢信 100 余份。连续 4 年引入第三方专业机构进行评价，客户满意度由 85.33 分提高到 87.5 分，达到"非常满意"区间，荣获"河南省质量诚信 AAA 级企业""质量信用评价 AAA 级信用企业"称号。

"中原服务"坚持以技术创新铸品牌。实施技术创新驱动，推行互联网＋服务模式，围绕"智慧油气田""智慧管道""智慧水务""智慧社区"等新业务新业态发展，加快业务转型升级，推动服务由"汗水型"向"智慧型"转变，满足差异化服务需求。培训中心建立天津 LNG 培训基地，实施差异化、精准化培训，被天津市授予"海河工匠"培训基地。信息通信加强与"三大"运营商合作，在西南、西北、天分"三大市场"，叫响了"中原服务品牌"。水务分公司与院校合作，形成了涵盖石油石化上中下游全产业链条涉水业务，为品牌发展提供了永续动力。

实现了市场规模、品牌形象双提升。"中原服务"始终坚持"规范、诚信、合作、共赢"经营理念，秉承"成就他人就是成就自己"理念，充分发挥成龙配套服务优势，实现与合作方共成长、同发展，取得了良好业绩，外部市场分布在全国 20 个省、市、自治区，以及加纳、苏丹等 8 个海外国家。品牌知名度和美誉度日益提升，"中原服务"品牌荣获"中国企业品牌创新成果""中国石化品牌营销十大优秀案例"。

中原服务按照"专业化打造存续业务品牌"要求，实施全面品牌管理，建设中国石化一流、国内知名服务品牌。未来 5 年，中原服务外部年创收 15% 以上增长，2025 年外部创收 15 亿元。

一、品牌主要策略

应对策略的原因

品牌具有高价值。品牌作为无形资产是企业价值的重要组成部分，是高附加值的重要载体。拥有差异化和高品质的品牌优势，成为企业赢得市场竞争的关键。完善中原服务品牌战略规划，将品牌建设融入油田总体发展战略，努力把品牌优势转化为市场竞争优势。

品牌具有引领性。品牌代表着供给结构和需求结构的升级方向。集团公司深入推动供给侧结构性改革，专业化打造存续业务品牌，契合了国家加快发展现代服务业、培育知名服务品牌的根本要求。做优做强中原服务品牌，以品牌撬动服务和质量升级，推动油田存续业务转型发展。

品牌具有用户黏性。中原服务外闯市场"醒得早、起得早、出门早、动手早"，形成了稳固的市场格局，取得了较好的规模效益，树立了良好的品牌形象。打造知名服务品牌，推进品牌传播，传递品牌价值，增进对中原服务的利益认同、情感认同和价值认同，提高品牌忠诚度和市场认可度。

具体的策略思路

体现品牌个性。结合油田总体发展战略、内外资源禀赋、石油石化文化传承等因素，通过品牌诊断、专家指导等方式，加强顶层设计，制定中原服务品牌发展规划，推动品牌建设工作深入开展。提炼品牌核心理念。聚焦品牌战略和客户价值，确立"争创中国石化优秀、国内一流服务品牌"的品牌愿景，"致力于提供专业化、差异化、集成化公共服务"的品牌定位，"规范、诚信、合作、共赢"的品牌核心价值，"注重细节、服务至上"的品牌主张，"让业主满意、让员工成长、让企业发展"的品牌使命，"刚健笃实、辉光日新"的品牌精神，形成了具有鲜明特色和良好发展前景的中原服务品牌。

完善品牌管理架构。本着"单一主品牌＋优质子品牌"原则，重点培育中原服务水务、电力、热力、信息通信、职工培训、餐饮酒店等优势突出、成长性好的业务子品牌，打造层次分明的品牌架构。设计并注册品牌商标。在宣传工作部的大力支持下，获准中原服务品牌以"中服"名称注册商标，这是集团公司第一个综合性公共服务品牌商标。我们委托正邦公司设计"中服"标识，"ZY（中原拼音首字母）、飞鸟、船帆、阳光"寓意中原服务立足中原、走出中原、发展中原，现已成功注册（图4-3）。

图4-3 "中服"标识

精准品牌传播。以"品牌创优、品牌创效"为载体，利用传统和新兴媒体，设立中原V品牌微信公众号，制作宣传册、形象片、公益广告等进行传播；人民网、《经济日报》、《中国石化报》等媒体多次进行报道；开展"我为品牌代言""讲述品牌故事"等活动，组织到中科炼化、北海LNG、天津天保热力公司等甲方单位走访推介，借助公众开放日、社会责任报告发布等机会宣传，依托市场和客户强化品牌传播，让市场和客户成为品牌的推介者和代言人，扩大了品牌的忠诚度和竞争力（图4-4）。

图4-4 "中原服务"

强化品牌管理。实施全面品牌管理，构建油田品牌建设领导小组、品牌管理办公室、专业化单位及品牌兼职队伍组成的"3+1"管理模式，具有矩阵式管理特色；制订中原服务品牌建设实施意见，编制品牌管理手册，完善品牌管理流程，培育品牌卓越品质，提升了品牌管理绩效。将品牌建设纳入年度绩效考核，专项资金纳入统一预算，夯实了品牌发展保障。强化品牌资产管理，加强品牌应急处理，规范品牌标识应用，有效维护了品牌声誉。

二、品牌实施举措

依据全面品牌管理理论，遵循品牌建设规律，突出抓好重点环节，培育中原服务高端品质，提升了品牌专业化运营能力。

（1）坚持以品质筑品牌。品牌象征着品质，质量是品牌的基石。标准引领品牌建设。根据国家、行业领先标准，完善油田水务、电力、热力、燃气、宾馆酒店、物业等一级 8 大类、24 项公共服务专业标准体系，主导编制中国石化水务、生产后勤服务保障等行业标准；结合外部市场实际，制订煤化工化学水、循环水处理、油田信息化建设、地热和热电等 25 项运维技术服务标准，提升了市场竞争话语权（图 4-5）。筑牢品牌品质基础。实施全员、全过程、全方位、全生命周期的质量管理，从过程服务能力、过程交互质量、潜在质量、结果质量 "四个" 维度，建立中原服务质量评价模型，推行质量体系化管理，公共服务单位均通过了第三方质量、环境、安全和能源管理体系认证。推广先进质量管理工具，近年来共荣获全国优秀质量管理小组 7 项、全国及河南省优秀质量信得过班组 17 项，河南省优秀 QC 成果 69 项，全国优秀六西格玛项目奖 4 项，筑牢了品牌建设质量基础。完善用户满意率、投诉处理完成率考核体系，及时跟踪和回应甲方诉求，不断改进服务方式，确保服务的质量稳定性与可靠性。2018年、2019 年，引入第三方专业机构对服务质量进行满意度调查，客户满意度分别为 85.33 分、86.04 分，稳定在"非常满意"的区间（图 4-6）。提供增值服务。坚持"质量为相关方创造价值"理念，采取前期介入、项目跟进、技术交流等方式，提供技术服务解决方案，向价值链高端攀升，满足不同业主个性化、差异化服务需求。培训中心帮助建立天津 LNG 培训基地，研发课程体系，实施差异化、精准化培训，打造"学习型"企业培训"生态圈"，弥补了国内 LNG 培训空白，被天津市授予"海河工匠"培训基地称号。

序号	标准名称	标准编号	代替标准
1	物业服务规范	Q/SH1025 1046—2019	
2	煤化工化学水系统运行维护规范	Q/SH1025 1055—2019	
3	一体化污水处理装置维护保养规范	Q/SH1025 1056—2019	
4	LNG接收站海水系统运行维护规范	Q/SH1025 1057—2019	
5	质量检查考核规范	Q/SH1025 1016—2019	Q/SH1025 1016—2016
6	...	...	

图 4-5　完善服务规范和标准（部分）

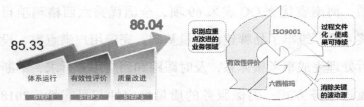

图 4-6　服务质量稳步提升

（2）坚持以技术铸品牌。创新是品牌的内核，是提升品牌竞争力的关键。实施技术创新驱动。发挥技术创新的支撑引领作用，借助大数据、云计算、物联网等手段，推行互联网＋服务模式，紧跟"智慧油气田""智慧管道""智慧水务""智慧社区"等新业务新业态发展，推动存续业务转型升级，形成产业链、技术链、价值链和市场链的"链式整合"模式，提升了品牌溢价能力和市场占有率。中原油田信息通信技术有限公司加强与中国移动、联通、电信"三大"通信运营商合作，与华为、中兴、石化盈科等技术服务商合作，加快天通一号卫星终端入网、5G技术推广应用，形成了西南、西北、天分"三大市场"，叫响了"中原服务品牌"（图4-7）。提升品牌技术含量。

图4-7 获"信息技术服务运行维护标准符合性证书"

加强应用技术研发和产业化模式创新，以技术创新支撑品牌价值提升。水务分公司与北京化工研究院、华东理工大学等院校合作，设立油田博士后流动站水务分站，建立 6 类 8 个技术体系，推进净水、循环水、化学水、污水"四水合一"，形成了涵盖中国石化上中下游全产业链条的涉水业务，增强了竞争实力，为品牌发展提供了永续动力。

（3）坚持以人才树品牌。人才是品牌发展的根本，是品牌最具创造性的要素。培育技术服务人才。适应存续业务转型和市场开发需要，发挥技术研发中心、创新工作室和技师工作站联盟作用，瞄准技术瓶颈，开展技术攻关、"五小"技术革新等活动，培养储备集水务、电力、热力、信息通信、餐饮酒店等行业技能于一体的综合性专业人才队伍，解决矿井水处理、热电运维、节能环保等技术难题，增强了品牌建设的技术含量。培育技能操作人才。围绕主体专业、关键岗位开展模块化、实战化培训，鼓励"一人多证、一专多能"，员工取证率达 100%，弘扬"工匠精神"，培育"油田工匠"，用匠心打造品牌内涵。近年来，先后取得国家专利 16 项、油田"五小"成果 40 余项，荣获国家、中央企业、石化系统、河南省技术能手和最美青工 30 余人，职业技术比赛金、银奖 60 多人次，培养国家注册质量体系审核员 73 名、精益六西格玛绿带 38 名、质量工程师 14 名、国家级 QC 诊断师 45 名。汇聚人力资源支撑。高效利用油田人力资源共享平台，打破行业、工种、身份界限，实现人才跨界有序流动，推动外部市场开拓和内部人才资源优化双向促进、联动发展，汇聚技术服务人才，为品牌建设提供了人才支撑。

（4）坚持以诚信固品牌。品牌是信用的标志，诚信是品牌的命脉。构建诚信体系。制订诚信体系建设实施意见，建立覆盖设计、生产和服务全过程的诚信体系，实施诚信承诺制度，兑现诚信承诺，接受社会和业主的监督。坚持诚信经营。深入开展诚信教育，广泛普及法律知识，树立诚信至上、诚信是金的观念，营造讲诚信、守信誉的市场环境，铸造金字招牌，打造诚信品牌，赢得市场竞争优势。2019 年，勘探局荣获"河南省质量诚信 AAA 级企业"称号。坚持依法合规。健全法律风险防控体系，构建纪检监察、审计、法律合同、内控、财务稽核"五位一体"的监督体系，从源头上有效遏制失信行为。运用法治思维开展经营活动，有效防范安全生产、经济合同、财务税务等法律风险，将依法合规经营纳入企业绩效考核，建设"依法、合规、公平、诚信"企业，为品牌权益维护提供了保障。

三、品牌实施见成效

中原服务加强品牌营销推广，扩大了品牌影响力，提高了市场竞争力，提升了企业经营质量效益。

（1）促进了油田存续业务转型发展升级。紧跟产业结构调整步伐，发挥品牌引领作用，优化资源配置，提高供给质量和效率，推动水务、通信融入主业一体化发展、热力向清洁能源供热发展，拓展外市场规模效益，实现了由低端服务向中高端价值链的转型，推进了存续业务转型发展、提质增效，提供了借鉴经验。

（2）实现了市场效益和品牌形象同步提升。依靠品牌效应抢占市场先机，全业务链拓市创效，为高含硫气田、天然气管输、煤化工、清洁能源等行业领域，提供成龙配套公共服务，市场拓展到四川、内蒙古等 19 个省、市、自治区，年创收增长 15% 以上。2015 年以来，累计创收 27.75 亿元、安置员工 2902 人（图 4-8）。

（3）赢得了市场认可和甲方信赖。坚持为业主创造价值，以信誉开拓市场，以品牌做大市场，采取业务承揽、技术服务、项目总包等模式，为甲方提供优质高效服务。2015 年，中原服务队伍到鄂尔多斯中天合创"开疆拓土"，凭借专业化、高品质服务，由最初承揽的餐饮、安保后勤

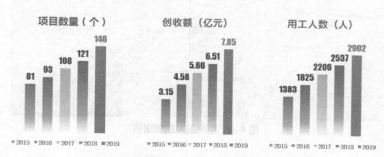

图 4-8　2015—2019 年市场开发趋势图

服务业务，拓展到水热信技术服务、物资管理、医疗卫生等多项业务，合同总额达 3 亿多元，从业人员 770 余人，形成了战略合作伙伴关系，构建了"中天"模式，为中天合创一次性投产成功、高效平稳运营提供了坚实保障。赢得了甲方的信任，得到了集团公司、自治区领导的好评。中原服务多次被甲方授予"先进集体""优秀承包商""安全环保质量管理先进单位"等荣誉称号，收到甲方的嘉奖令、感谢（表扬）信 100 多件（图 4-9）。

（4）践行了国有企业的社会责任。坚持与业主共同努力，推动企业更安全、更清洁、更环保、更绿色的发展，展示了国有企业的责任担当。"中原电力""中原通信"确保川气东送、西气东输管道的信息、电力安全平稳运行，

图 4-9　用户发来的感谢信

为清洁能源输送提供了有力保障。特别是 2020 年新冠疫情防控期间，驻守武汉的供电员工全天候值守，当好压气站"电保姆"，以电保气助力雷神山医院抗疫。"中原供水"严守安全质量环保红线，确保普光和元坝气田污水、中天合创矿井水处理零排放、零污染、零事故。"中原热力"承揽国家贫困县河北大名地热采暖、天津空港区热电运维，为 4.4 万户、9.8 万居民提供了清洁采暖服务，为打赢"蓝天保卫"攻坚战做出了积极贡献。"中原医疗"在服务中天合创的同时，开展社会公益活动，深入鄂尔多斯牧区普及卫生健康常识，帮助提高医疗技术水平，保障了牧民身体健康，增进了民族团结友谊。

四、品牌亮点剖析

（1）品牌战略规划是品牌建设的"航标"。把品牌建设纳入油田整体发展战略，编制品牌建设三年发展规划，建立以品牌定位、品牌架构、品牌识别、品牌传播、品牌管理为核心内容的品牌战略体系，统筹品牌创新发展，打造高品质综合性公共服务提供商，传递品牌价值，增强了中原服务品牌的核心竞争力。

（2）深度融合业务是品牌建设的根本。品牌和业务如一枚硬币的两面。把品牌建设与生产经营、市场开发深度融合，实现一体化协同发展，强化品牌引领作用，体现品牌定位，以品牌建设推动存续业务转型，以存续业务改革支撑品牌建设，塑造差异化、具象化、亲情化品牌形象，提高了中原服务品牌溢价能力。

（3）成龙配套服务优势是品牌建设的基础。以"四供一业"分离移交为契机，实行专业化重组，优化调整业务结构，推进运营模式与市场化、社会化接轨，重点培育水务、电力、热力、培训、信息通信和餐饮后勤"六个业务链"，打造成龙配套服务优势，为高含硫气田、天然气管输、清洁能源等行业领域，促进国有企业集中精力发展主业，做强做优做大国有资本，提升了中原服务品牌的忠诚度和影响力。

（4）坚守社会责任是品牌建设的准则。将履行社会责任作为品牌建设的重要抓手，践行"规范、诚信、合作、共赢"的核心价值，关注和回应利益相关方诉求，追求互利共赢、共同发展，为业主、社会创造价值，与生态环境和谐共融，获得了行业内外的认同与信赖，打造了"中原油田名片"，维护了中国石化品牌形象。

四/ 中原党建：创新实施
"四同四提"融合机制

习近平总书记在全国国有企业党的建设工作会议上强调，国有企业党建工作要坚持服务生产经营不偏离，把提高企业效益、增强企业竞争实力、实现国有资产保值增值作为党组织工作的出发点和落脚点。中国石化中原油田党委时刻牢记习近平总书记重要讲话精神，坚持围绕中心抓党建、抓好党建促发展，创新实施"四同四提"融合互促机制，有效破解基层党建与生产经营"两张皮"，基层党组织的凝聚力、战斗力、创造力显著提升，在端牢能源饭碗、保障能源安全中彰显了政治担当。油田党委荣获全国创先争优先进基层党组织、中央企业先进基层党组织，连续7年在中国石化党建考核中获评A档，油田连续六届保持全国文明单位称号。

一、基层党建与生产经营目标同向聚合，引领提升工作动力

紧扣不同阶段生产经营目标，从长远目标、年度目标、阶段目标和目标分解四个维度，有针对性地制定基层党建工作目标，引领全面提升基层党建、生产经营工作动力。

长远目标同向聚合引领方向。围绕中国石化打造世界领先洁净能源化工公司、油田打造千万吨级一流油气公司目标，锚定党建工作"站排头、争第一"目标定位，组织基层党支部以换届选举为契机，深入分析当前及今后一个时期的形势任务，将党支部届期目标与"十四五"发展目标结合起来，制订党支部届期工作规划，明确基层党建、生产经营共同奋斗目标，切实以长远目标引领方向、鼓舞人心。

年度目标同向聚合统一行动。围绕深入贯彻落实习近平总书记视察胜利油田重要指示精神、党内主题教育实践活动和上级重大决策部署，以"生产经营指标全面完成、安全环保无事故、基层党建晋档升级、员工队伍团结和谐"为年度目标，组织基层党支部统筹制定年度工作计划，明确基层党建、生产经营共同年度目标，切实以年度目标统一思想、凝聚力量。

阶段目标同向聚合激发斗志。将年度目标细化为四个

阶段目标，以一季度实现各项工作"开门红"为目标，推动思想动员深入人心、干部员工士气旺盛；以二季度实现生产经营"双过半"为目标，深入推进创先争优，全面开展比学赶超；以三季度实现攻坚创效"迎国庆"为目标，厚植爱国情怀，激发强企之志；以四季度实现大干快干"硬收官"为目标，增强决战决胜信心，坚决打赢收官之战，切实做到以月保季、以季保年。

责任目标同向聚合同心勠力。组织支部班子成员签订党建、生产经营、安全等责任书，把履行业务工作职责与履行党建工作、生产经营、安全环保、风险防范等各方面职责，融合起来、一并落实，做到人人肩上有指标、千斤重担大家挑。把安全、环保、质量、效益作为党员责任目标管理、党员责任区创建硬指标，组织党员签订党员目标管理责任书、责任区目标协议书，明确5项共性责任目标，以及立项攻关、服务群众等个性目标（图4-10），切实推动压力层层传递、动力级级提升。

二、党组织活动与生产经营过程同频共振，推动提升工作质量

坚持抓党建从生产经营出发、抓生产经营从党建入手，把党组织活动融入生产经营全过程、各环节，做到同

图 4-10 2014 年 11 月，普光分公司净化厂开展党员立项攻关

频共振、合拍共鸣，推动全面提升基层党建、生产经营工作质量。

"三会一课"与动员部署同频共振鼓干劲。聚焦落实油公司改革、勘探开发、储气库建设等重点工作，以"三会一课"、主题党日为主阵地，深化"推动高质量发展·我们怎么干""打赢增储增产增效攻坚战行动"等主题大讨论，开展形势任务教育 2000 余场（图 4-11），举办"传承石油魂"等实践活动 260 场次，形成心齐气顺劲足的良好局面。油田卫 11 储气库投产，中央电视台、《人民日报》、美联社等国内外媒体竞相报道，观看达 4.3 亿人次。

创先争优与提质增效同频共振比贡献。紧扣国有企业

图 4-11 2021 年 10 月，到基层宣讲习近平总书记视察胜利油田重要指示精神

对标世界一流管理提升行动，立足生产经营主战场，组织党员佩戴徽章臂章亮身份、亮标准、亮承诺、亮行动，组建党员突击队 210 支，深化"争星夺旗""五比五赛""六比一创"等竞赛，形成党员冲在前、员工比着干的工作格局。2021 年，油田 5 个党支部被中国石化命名为基层党支部建设示范点，33 个基层单位获中国石化金银牌队、星级站库。

立项攻关与科技创新同频共振破难题。围绕勘探开发、储气库建设等领域"卡脖子"技术难题，采取党建共建、区域联建等形式，统筹资源力量，组建党员创新攻关团队 235 个，对共性问题开展"点题式"攻关，对难点问题组织"揭榜式"攻关，对个性问题实施"定制式"攻关，近三年油田获省部级以上科技进步奖29项、国家专利240件，涉外专利实现零的突破。

党员责任区创建与安全生产同频共振全覆盖。根据生产现场、关键装置、重点区域等划分安全责任网格，创建党员责任区3179个，选聘群众安全监督员2420名，持续深化"党员身边无事故无隐患无违章""我的安全我做主""我为安全做诊断"等全员行动，确保安全生产责任全覆盖、过程全受控。油田连续8年被评为全国"安康杯"竞赛优胜单位；应急救援中心荣获"全国应急管理系统先进集体"称号，受到习近平总书记亲切接见。

三、"三基本"与"三基"建设同步加强，促进提升工作水平

注重把党的政治优势与基层管理的独特优势结合起来，充分发挥党支部引领基层建设、促进基础工作、带动基本功训练的作用，促进全面提升基层党建、生产经营基础管理水平。

基本组织引领基层建设同步加强。坚持"四同步、四对接"，紧跟改革发展步伐，在调整经营管理机构的同时调整优化党组织设置，确保党的组织和力量全面覆盖。坚

持"双向进入、交叉任职",明确党支部书记兼任行政副职的工作分工、行政正职兼任党支部副书记的党建责任、其他班子成员"一岗双责",实现两手抓、两促进。坚持优化大班组、大岗位,把党小组设在大班组上,党小组长和班组长由一人兼任,做到一体组建、一体运行。

基本制度促进基础工作同步加强。健全议事决策制度,制定党员大会议事决策、支委会讨论决定事项、支委会参与决定事项、支委成员主要职责"四个清单",把好政治关、政策关、程序关。强化基层基础管理,修订完善基层管理手册、岗位操作手册、基层党务手册,确保上标准岗、干标准活。注重发挥党员示范带动作用,推动岗位专责制、质量负责制、交接班制、巡回检查制等制度抓实落地。

基本队伍带动基本功训练同步加强。搭建思想教育平台,建立党史学习教育常态化机制,开展传承石油精神、弘扬石化传统教育,提升优作风提素质的思想和行动自觉。搭建素质提升平台,发挥党建教育基地示范引领作用,统筹培训资源,开展专业培训、岗位练兵、技术比武,提升岗位适应性和匹配度。搭建实践锻炼平台,注重把党员培养成业务骨干、把业务骨干培养成党员、把党员骨干输送到重要岗位,提升队伍整体素质(图4-12)。2021年在省部级以上职业技能竞赛中获14金10银7铜和5个团体奖。

图 4-12　2020 年 5 月，党旗在基层一线飘扬

四、党员考评与员工业绩考核同题共答，激励提升工作实效

充分发挥考核"指挥棒""风向标"作用，推动党员考评与员工业绩考核内容相衔接、结果相印证、激励相挂钩，确保考出担当、考出干劲、考出实绩，激励全面提升基层党建、生产经营工作实效。

支部分类定级和生产经营任务考核同题共答。坚持每年开展党支部分类定级，围绕落实"抓班子、带队伍、强管理、促发展、保稳定"主要任务，设置 5 项标准 20 个考评指标，将引领推动重大工程和重点项目建设、生产经营、市场开拓等实绩实效作为关键核心指标（KPI），对党支部进行分类排队，所在基层单位未完成生产经营任务的，直接定为"不达标"。通过同题共答，基层党支部奋进动力更加强劲，在大战大考中经受住了考验，油田 2022年创"十三五"以来最好经营业绩，普光气田累产气量突破 1000 亿立方米，百亿方中原储气库群建设初具规模，生产经营能力和水平持续提升。

党员责任区和安全环保质量考核同题共答。坚持每季度开展党员责任区考核，把安全环保质量作为主要指标，对于完成党员责任区目标协议措施内容、未出现安全环保质量事故的，纳入评定"优秀"档次重点对象；对于出现安全环保质量责任上报事故的，实行一票否决。通过同题共答，基层本质安全水平持续提升，油田先后获得河南省安全生产先进单位、中国石化安全生产先进单位等荣誉称号。

党员责任目标和日常绩效考核同题共答。坚持每半年开展党员责任目标考核，每月进行员工绩效考核，综合分析党员和员工破解生产经营难题、"我为群众办实事"等情况，对考核结果进行综合排名，员工日常绩效考核累计排名在前 1/3 的党员，可评为"A"档；排名末位的，评为"C"档及以下。通过同题共答，党员先锋模范作用得到充分发挥，在疫情防控、增储上产、科技创新、拓市创效等主阵地冲在前、做表率，切实践行了"一名党员就是一面旗帜"的责任担当。

民主评议党员和年度绩效考核同题共答。坚持每年年底开展民主评议党员，年度员工绩效考核为"B"档及以上、党员责任目标年度考核为"A"档的，民主评议可评为"优秀"档次；优秀共产党员、劳动模范，原则上从上年度民主评议为"优秀"的党员中产生；在干部推荐、班组长选任、人才培养、技能晋档等方面，优先考虑民主评议党员结果为"优秀"、员工绩效考核结果为"A"档的人员。通过同题共答，先后涌现出全国劳动模范王红宾、"感动石化人物"杜莉等一批先进典型，81 人被授予省部级及以上劳动模范、优秀共产党员、优秀党务工作者等称号。

新时代国有企业党的建设融合发展是一项永恒课题。中国石化中原油田党委通过创新实施"四同四提"融合互促机制，实现了由单向融入变双向融合、认识融入变实践融合、简单融入变系统融合、载体融入变机制融合，解决了"谁来融""融什么""怎么融""融合好"的问题，形成了全面提升工作动力、全面提升工作质量、全面提升工作水平、全面提升工作实效的奋进局面，不断夯实油田打造千万吨级一流油气公司的根基。

40多年来，中原石油人高唱"我为祖国献石油"，激发为国争光、为民族争气的爱国主义精神；誓言在中原大地拿下大油田，砥砺独立自主、自力更生的艰苦创业精神；坚持在苦干的同时注重巧干，彰显讲究科学、"三老四严"的求实精神；坚守千万吨级油田梦想，展现胸怀全局、为国分忧的奉献精神……中原油田的广大职工以高度的主人翁责任感和强烈的历史使命感，战天斗地、拼搏奉献，谱写了一曲曲建设社会主义的激越赞歌，让大庆精神、铁人精神穿越时空、历久弥新，成为团结凝聚中原石油人的强大精神动力，集中展现了我国工人阶级的崇高品质和精神风貌。

前进道路上，大庆精神、铁人精神永远是激励中国人民不畏艰难、勇往直前的宝贵精神财富。今天，实现中华民族伟大复兴进入了不可逆转的历史进程。同时，必须清醒认识到，中华民族伟大复兴绝不是轻轻松松、敲锣打鼓就能实现的。前进道路上，面临着难得机遇，也面临着严峻挑战。奋斗新时代、奋进新征程，要结合新的实际，一如既往、与时俱进地大力弘扬大庆精神、铁人精神，坚持"爱国"，把自己的理想同祖国的前途、把自己的人生同民族的命运紧密联系在一起，扎根人民，奉献国家；坚持"创业"，大兴艰苦奋斗之风，加大科研攻关力度，增强干事创业敢担当的本领，保持锐气、焕发朝气、增添勇气；坚持"求实"，奋发进取、求真务实、埋头苦干，多做实实在在的事情，多为保障国家能源安全、端牢能源饭碗"添砖加瓦"，创造经得起实践、人民、历史检验的业绩；坚持"奉献"，激扬功成不必在我、功成必定有我的崇高精神，不计个人得失，舍小家顾大家，在平凡的工作岗位上忘我工作、无私奉献。

展望光明前景，大力弘扬大庆精神、铁人精神，保持艰苦奋斗、锐意进取的精神风貌，中原油田就一定能在新征程上不断创造新业绩、铸就新辉煌！

附录一

第一批纳入中国共产党人精神谱系的伟大精神

一、建党精神

坚持真理、坚守理想，践行初心、担当使命，不怕牺牲、英勇斗争，对党忠诚、不负人民。

新民主主义革命时期

二、井冈山精神

坚定信念、艰苦奋斗、实事求是、敢闯新路、依靠群众、勇于胜利。

三、苏区精神

坚定信念、求真务实、一心为民、清正廉洁、艰苦奋斗、争创一流、无私奉献。

四、长征精神

①把全国人民和中华民族的根本利益看得高于一切，坚定革命的理想和信念，坚信正义事业必然胜利的精神；

②为了救国救民，不怕任何艰难险阻，不惜付出一切牺牲的精神；

③坚持独立自主、实事求是，一切从实际出发的精神；

④顾全大局、严守纪律、紧密团结的精神；

⑤紧紧依靠人民群众，同人民群众生死相依、患难与共、艰苦奋斗的精神。

五、遵义会议精神

坚定信念、实事求是、独立自主、敢闯新路、民主团结。

六、延安精神

实事求是、理论联系实际的精神，全心全意为人民服务的精神和自力更生艰苦奋斗的精神。

七、抗战精神

天下兴亡、匹夫有责的爱国情怀；视死如归、宁死不屈的民族气节；不畏强暴、血战到底的英雄气概；百折不挠、坚忍不拔的必胜信念。

八、红岩精神

刚柔相济，锲而不舍的政治智慧；"出淤泥不染，同流不合污"的政治品格；以诚相待，团结多数的宽广胸怀；善处逆境，宁难不苟的英雄气概。

九、西柏坡精神

谦虚谨慎、艰苦奋斗的精神；敢于斗争、敢于胜利的精神；依靠群众、团结统一的精神。

十、照金精神

不怕牺牲、顽强拼搏的英雄气概；独立自主、开拓进取的创新勇气；从实际出发、密切联系群众的工作作风。

十一、东北抗联精神

忠贞报国、勇赴国难的爱国主义精神；勇敢顽强、前仆后继的英勇战斗精神；坚贞不屈、勇于献身的不怕牺牲精神；不畏艰险、百折不挠的艰苦奋斗精神；休戚与共、团结御侮的国际主义精神。

十二、南泥湾精神

自力更生、艰苦奋斗的革命精神，调查研究、实事求是的工作方法，上下一致、共克时艰的优良作风，勇于创造、敢为人先的进取精神。

十三、太行精神（吕梁精神）

勇敢顽强、不畏艰难、百折不挠、艰苦奋斗、勇于牺牲、乐于奉献。

十四、大别山精神

坚守信念、胸怀全局、团结一心、勇当前锋。

十五、沂蒙精神

水乳交融、生死与共。

十六、老区精神

坚定不移、矢志不渝的革命理想信念；不怕牺牲、勇往直前的革命英雄主义精神；自力更生、艰苦奋斗的实干精神；勇于实践、勇于开拓的创新精神；依靠群众、忠诚为民，全心全意为人民谋利益的奉献精神。

十七、张思德精神

全心全意为人民服务。

社会主义革命和建设时期

十八、抗美援朝精神

祖国和人民利益高于一切、为了祖国和民族的尊严而奋不顾身的爱国主义精神；英勇顽强、舍生忘死的革命英雄主义精神；不畏艰难困苦、始终保持高昂士气的革命乐观主义精神；为完成祖国和人民赋予的使命、慷慨奉献自己一切的革命忠诚精神；以及为了人类和平与正义事业而奋斗的国际主义精神。

十九、"两弹一星"精神

热爱祖国、无私奉献，自力更生、艰苦奋斗，大力协同、勇于登攀。

二十、雷锋精神

信念的能量、大爱的胸怀、忘我的精神、进取的锐气。

二十一、焦裕禄精神

亲民爱民、艰苦奋斗、科学求实、迎难而上、无私奉献。

二十二、大庆精神、铁人精神

爱国、创业、求实、奉献。

二十三、红旗渠精神

自力更生、艰苦创业、团结协作、无私奉献。

二十四、北大荒精神

艰苦奋斗、勇于开拓、顾全大局、无私奉献。

二十五、塞罕坝精神

艰苦创业，科学求实，无私奉献，开拓创新，爱岗敬业。

二十六、"两路"精神

一不怕苦、二不怕死，顽强拼搏、甘当路石，军民一家、民族团结。

二十七、老西藏精神（孔繁森精神）

特别能吃苦、特别能战斗、特别能忍耐、特别能团结、特别能奉献。

二十八、西迁精神

胸怀大局，无私奉献，弘扬传统，艰苦创业。

二十九、王杰精神

一不怕苦、二不怕死。

改革开放和社会主义现代化建设新时期

三十、改革开放精神

开拓创新、勇于担当、开放包容、兼容并蓄。

三十一、特区精神

敢闯敢试、敢为人先、埋头苦干。

三十二、抗洪精神

万众一心、众志成城，不怕困难、顽强拼搏，坚韧不拔、敢于胜利。

三十三、抗击"非典"精神

万众一心、众志成城、团结互助、和衷共济、迎难而上、敢于胜利。

三十四、抗震救灾精神

万众一心、众志成城，不畏艰险、百折不挠，以人为本、尊重科学。

三十五、载人航天精神

特别能吃苦、特别能战斗、特别能攻关、特别能奉献。

三十六、劳模精神（劳动精神、工匠精神）

爱岗敬业、争创一流、艰苦奋斗、勇于创新、淡泊名利、甘于奉献。

三十七、青藏铁路精神

挑战极限，勇创一流。

三十八、女排精神

扎扎实实，勤学苦练，无所畏惧，顽强拼搏，同甘共苦，团结战斗，刻苦钻研，勇攀高峰。

中国特色社会主义新时代

三十九、脱贫攻坚精神

上下同心、尽锐出战、精准务实、开拓创新、攻坚克难、不负人民。

四十、抗疫精神

生命至上，举国同心，舍生忘死，尊重科学，命运与共。

四十一、"三牛"精神

为民服务孺子牛、创新发展拓荒牛、艰苦奋斗老黄牛。

四十二、科学家精神

胸怀祖国、服务人民的爱国精神，勇攀高峰、敢为人先的创新精神，追求真理、严谨治学的求实精神，淡泊名利、潜心研究的奉献精神，集智攻关、团结协作的协同精神，甘为人梯、奖掖后学的育人精神。

四十三、企业家精神

厚植爱国情怀、弘扬创新精神、坚持诚信守法、积极承担社会责任、不断拓展国际视野。

四十四、探月精神

追逐梦想、勇于探索、协同攻坚、合作共赢。

四十五、新时代北斗精神

自主创新、开放融合、万众一心、追求卓越。

四十六、丝路精神

团结互信、平等互利、包容互鉴、合作共赢，不同种族、不同信仰、不同文化背景的国家可以共享和平，共同发展。

附录二

关于印发《中原油田开展传承石油精神弘扬石化传统教育实施方案》的通知（中油局发〔2019〕109号）

油田所属各单位党委：

现将《中原油田开展传承石油精神弘扬石化传统教育实施方案》印发给你们，望结合实际遵照执行。

中共中原石油勘探局有限公司委员会

2019 年 12 月 5 日

中原油田开展传承石油精神弘扬石化传统教育实施方案

石油精神和石化传统是石油石化行业的灵魂和精神支柱。开展传承石油精神、弘扬石化传统教育是坚持党的领导、发挥政治优势的重要体现，是推进油田全面可持续发展和高质量发展的强大动力，也是锤炼过硬作风、加强队伍建设的内在需要。为深入学习贯彻习近平总书记关于大力弘扬石油精神重要指示批示，引导干部员工不忘初心、牢记使命、永远奋斗，推动实现"两个三年、两个十年"战略部署、打造千万吨级一流油气田，根据集团公司党组《关于大力开展传承石油精神弘扬石化传统教育的安排意见》（中国石化党组宣〔2019〕44 号）部署要求，结合油田实际，现就开展传承石油精神、弘扬石化传统教育，制定如下实施方案：

一、总体要求

（一）指导思想

以习近平新时代中国特色社会主义思想为指导，认真贯彻落实习近平总书记关于石油精神的重要指示批示精神，按照集团公司党组部署要求，加大学习宣传，创新实践载体，注重典型示范，健全工作机制，教育引导干部员工传承以"苦干实干""三老四严"为核心的石油精神，弘扬以求真务实、精细严谨、家国情怀为主要特点的石化传统，为油田决胜全面可持续发展、迈向高质量发展提供精神动力和思想保障。

（二）工作目标

通过开展传承石油精神、弘扬石化传统教育，各级党组织始终坚持党的领导，发挥党的政治优势，保持永远奋斗的强大精神动力；干部员工奋斗进取精神不断加强，求真务实作风持续提高，精细严谨态度得到养成，爱国爱企情怀不断提升，干事创业活力持续增强；油田勘探开发有效突破，油气业务做强做大，改革转型稳步推进，外部市场不断拓展，安全环保形势稳定，实现全面可持续发展、迈向高质量发展。

二、主要任务及措施

（一）把握时代内涵，增强传承石油精神、弘扬石化传统思想自觉。

习近平总书记批示强调，"石油精神是攻坚克难、夺取胜利的宝贵财富，什么时候都不能丢""大庆精神、铁人精神已经成为中华民族伟大精神的重要组成部分"。结合"不忘初心、牢记使命"主题教育，通过深入学习、广泛宣传、生动实践，深刻把握"苦干实干"时代内涵，树立正确的利益观苦乐观，发展观政绩观，奋斗观奉献观；深刻把握"三老四严"时代内涵，增强队伍建设的组织性和纪律性、创新发展的主动性和科学性、执行制度的自觉性和严肃性；深刻把握石化传统时代内涵，坚持求真务实、发扬精细严谨、培育家国情怀，凝聚起"爱我中华、振兴石化""为美好生活加油"的正能量。

（二）加强学习宣传，营造传承石油精神、弘扬石化传统浓厚氛围。

采取党委中心组学习、员工理论学习、"三会一课"、员工培训班等形式，组织学习习近平总书记关于石油精神的重要指示批示、《中国石化三十年》等文章、中国石化成立35周年会议精神等，增强干部员工对石油精神、石化传统的理解。发挥油田政研会、党校的作用，采取专项课题研究、专题调研、座谈研讨等方式，加强石油精神、石化传统时代内涵和落地实践的研究探索，使石油精神、石化传统更具时代性。油田党校梳理总结中原油田改革发展史，编印专题学习教育材料，纳入培训计划和形势任务教育内容，增强干部员工对石油精神、石化传统的认同。油田适时举办"传承石油精神、弘扬石化传统"专题报告会和典型经验交流座谈会，邀请老石油以及在外闯市场、转型发展、创新创效等方面做出突出贡献的先进典型讲述油田艰苦创业的发展历程和中原精神，教育引导干部员工牢记石油精神、弘扬石化传统，投身新实践、创造新业绩。中原石油报社、广播电视中心、信息化管理中心开设专栏专题，系统阐释、讲述石油精神、石化传统的丰富内涵，报道干部员工学习教育工作动态，反映干部员工传承石油精神、弘扬石化传统的生动实践和精神风貌。各单位通过电子屏、宣传栏、展板等渠道，采取悬挂横幅、制作标牌等方式，组织员工网上有奖答题、集中观看公益电影等活动，加大宣传力度，扩大教育影响。

（三）开展实践活动，提升传承石油精神、弘扬石化传统实际效果。

针对青年员工、科技人员和基层特点，分类细化开展"传承石油魂""感恩石油情""追逐石油梦"实践活动。在干部员工中开展"传承石油魂"实践活动，组织干部员工就近参观爱国主义教育基地、中原油田发现井、普光气田科技展览馆或重大工程现场等，接受革命传统和爱国爱企教育，增强传承石油精神、弘扬石化传统行动自觉。在青年员工中开展"感恩石油情"实践活动，强化青年员工教育培养，加强新分毕业生入厂教育，组织"普光青年员工中原行"活动，教育引导青年员工立足岗位、艰苦创业，新入职员工扎根油田、勤勉敬业，普光气田青年员工感恩油田、建功立业。在各单位开展"追逐石油梦"实践活动，聚焦"两个三年、两个十年"战略部署和油田中心工作，引导干部员工把传承石油精神、弘扬石化传统教育的效果转化为推动油田发展的实际行动。油气主业单位敢于担当、迎难而上，推进高质量勘探、低成本开发，实现原油硬稳定、天然气有效快速发展。科研单位深入开展"学习陈俊武，建功立业新时代"竞赛，积极进取、创新奉献，加大科技攻关力度，推动技术进步，发挥引领支撑作用。专业化单位转变观念、发挥优势，拓展外部市场，提升市场创效能力和规模。后勤服务单位拓展业务、提升质量，扩大服务范围，增强自我创效和盈利能力。各单位要立足当前、着眼长远，制定工作计划，认真开展实践活动，扎实有效推动传承石油精神、弘扬石化传统教育深入开展。

（四）强化问题整改，推动传承石油精神、弘扬石化传统走深走实。

结合主题教育检视问题、整改落实的要求，开展"传承石油精神、弘扬石化传统"专题讨论，围绕"在优良传统上我们丢掉了什么，对比先进典型我们缺少什么"主题，坚持领导班子带头、以上率下，组织干部员工联系思想实际、工作实际和单位实际开展研讨交流，对照检查、审视反思，切实把思想上作风上的问题找准找实，提振干事创业和攻坚克难的精气神。明确整改任务，对照主题教育检视问题和传承石油精神、弘扬石化传统教育专题讨论查摆出的问题，明确责任领导、责任部门、整改措施和整改时限，确保问题整改到位。细化工作措施，强化跟踪督导，坚持全程跟踪督办，汇总整改进展情况，拉紧责任链条，压实各级责任，使问题得到全面彻底整改，推动干部员工把好传统、好作风落实到岗位上、工作中，提升传承石油精神、弘扬石化传统教育效果。

（五）注重典型示范，形成传承石油精神、弘扬石化传统良好风气。

学习先进典型，组织干部员工学习以王进喜为代表的老一辈石油人的先进事迹，在回顾艰苦创业历程中锤炼顽强意志、激发高昂斗志、培育高尚品质；结合第二批主题教育，举办先进典型事迹巡回报告会，组织干部员工特别是科技人员深入学习闵恩泽、陈俊武先进事迹，激励干部员工涵养家国情怀、砥砺奋斗精神、塑造人格品行。选树先进典型，油田组织开展劳动模范、两优一先、感动油田人物、十大杰出青年等评选工作，各单位评选推荐"最美倒班工人"先进典型，把石油精神和石化传统具体化、形象化。宣传先进典型，总结提炼先进典型所体现的石油精神和石化传统特质，油田采取组织颁奖典礼、开展巡回宣讲、讲好典型故事等形式，通过新闻媒体、局域网开设专题等载体，宣传典型的先进事迹，用先进典型影响带动干部员工。强化警示教育，肃清腐败分子流毒，消除错误的发展观和政绩观，树立鲜明的主流价值导向，推动石油精神、石化传统入脑入心、见行见效。

（六）丰富中原文化，扩大传承石油精神、弘扬石化传统积极效应。

以石油精神和石化传统为文化导向，油田总结提炼、挖掘诠释符合新时代、新发展要求的企业文化核心理念，形成具有油田特色的新文化理念体系。开展传承石油精神、弘扬石化传统专题调研，发掘梳理干部员工适应新形势、应对新变化形成的新经验、新做法，总结提炼文化格言，丰富内涵外延，使石油精神、石化传统更具生命力和感召力。统筹推动安全绿色健康、质量诚信、廉洁、法制等专项文化建设。各单位加强单位、队站文化阵地建设，推动石油精神、石化传统落地落实。采取歌咏、展览、故事会等方式，通过明德讲堂、经典诵读、广场文化、公众开放日等形式和载体，展示中原石油人艰苦创业、奋进奉献的精神状态和良好风貌。

（七）着力培育践行，建立传承石油精神、弘扬石化传统长效机制。

坚持把传承石油精神、弘扬石化传统作为常态化工作，列入党委议事日程，纳入党建工作责任制，建立党委统一领导、党政齐抓共管、宣传部门牵头组织、部门（单位）密切配合、全员积极参与的工作机制。结合油田实际，开展传承石油精神、弘扬石化传统教育，探索形成"入厂有教育、培训有内容、身边有榜样、年度有考核"的常态化培育践行机制，加大评选表彰激励力度，推动石油精神、石化传统在油田落地生根。油田把开展传承石油精神、弘扬石化传统教育情况纳入党建工作考核，以考核促进落实，形成有标准、有检查、有落实、有奖惩的考核评价机制。

三、工作保障

（一）加强领导，落实责任。开展传承石油精神、弘扬石化传统教育是一项长期的重要工作任务。各级党组织要提高政治站位，加强组织领导，落实主体责任，把这项工作作为当前的重要政治任务进行安排和部署，细化落实措施，迅速启动推进，注重过程跟进，确保传承石油精神、弘扬石化传统教育有序开展。

（二）联系实际，整体推进。各级党组织要紧密联系油田改革发展和干部员工队伍建设实际，与"不忘初心、牢记使命"主题教育结合起来，统筹推进，融合落实。坚持问题导向，把发现问题、解决问题作为出发点和落脚点，抓好问题整改落实，力戒形式主义、官僚主义，用开展传承石油精神、弘扬石化传统教育成果推动油田改革发展和生产经营工作。

（三）创新载体，突出特色。各级党组织要聚焦中心工作，把握重点任务，根据不同板块、不同单位、不同群体的特点，创新方式方法，开展内容丰富、各具特色的实践活动，提升传承石油精神、弘扬石化传统的针对性和有效性，做到全面覆盖、全员参与。

（四）强化督导，力求实效。各级党组织要采取巡回指导、重点调研、座谈交流等多种形式，对开展情况和实际效果进行督导，适时通报情况，推动工作开展。要注意发现、总结和交流好经验、好做法，指导工作实践，促进油田全面可持续发展、迈向高质量发展。各单位党委开展传承石油精神、弘扬石化传统教育情况要及时报局党委。

附件：中原油田传承石油精神弘扬石化传统教育任务分解表

附件

中原油田传承石油精神弘扬石化传统教育任务分解表

序号	工作任务	工作措施	责任部门（单位）	备注
1	把握时代内涵	通过深入学习、广泛宣传、生动实践，深刻把握"苦干实干"时代内涵，树立正确的利益观苦乐观、发展观政绩观，奋斗观奉献观。	各单位	
2		通过深入学习、广泛宣传、生动实践，深刻把握"三老四严"时代内涵，增强队伍建设的组织性和纪律性、创新发展的主动性和科学性、执行制度的自觉性和严肃性。	各单位	
3		通过深入学习、广泛宣传、生动实践，深刻把握石化传统时代内涵，坚持求真务实、发扬精细严谨、培育家国情怀。	各单位	
4	加强学习宣传	采取党委中心组学习、员工理论学习、"三会一课"、员工培训班等形式，组织学习习近平总书记关于石油精神的重要指示批示，《中国石化三十年》等文章、中国石化成立35周年会议精神等。	局党委宣传部、局党委组织部、培训中心（油田党校）、各单位	
5		发挥油田政研会、党校的作用，采取专项课题研究、专题调研、座谈研讨等方式，加强石油精神、石化传统时代内涵和落地实践的研究探索。	局党委宣传部、培训中心（油田党校）、各单位	
6		系统梳理总结中原油田改革发展史、编印专题学习教育材料、纳入培训计划和形势任务教育内容。	培训中心（油田党校）	

续表

序号	工作任务	工作措施	责任部门（单位）	备注
7	加强学习宣传	适时举办 "传承石油精神、弘扬石化传统" 专题报告会、学习交流座谈会。	局党委宣传部、离退休管理处、培训中心	
8		开设专栏专题，系统阐释、讲述石油精神、石化传统的丰富内涵，报道干部员工学习教育动态。	中原石油报社、广播电视中心、信息化管理中心	
9		通过电子屏、宣传栏、展板等集道，采取悬挂横幅、制作标牌等方式，组织员工网上有奖答题、集中观看公益电影等活动。	各单位	
10		开展 "传承石油魂" 实践活动，组织干部员工就近参观爱国主义教育基地、中原油田发现井、普光气田科技展览馆或重大工程现场等。	各单位	
11		开展 "感恩石油情" 实践活动，强化青年员工教育培养，加强新分毕业生入厂教育，组织 "普光青年员工中原行" 活动。	局团委、局党委组织部、普光分公司	
12		开展 "追逐石油梦" 实践活动，引导干部员工把传承石油精神、弘扬石化传统教育的效果转化为推动油田发展的实际行动。	各单位	
13	开展实践活动	敢于担当、迎难而上，推进高质量勘探、低成本开发，实现原油硬稳定，天然气有效快速发展。	油气生产单位	
14		开展 "学习陈武，建功立业新时代" 竞赛，积极进取、创新奉献，加大科技攻关力度，推动技术进步，发挥引领支撑作用。	科研单位	
15		转变观念、发挥优势，拓展外部市场，提升市场创效能力和规模。	专业化单位	
16		拓展业务、提升质量，扩大服务范围，增强自我创效和盈利能力。	后勤服务单位	
17		制定实践活动工作计划，认真开展实践活动。	各单位	

续表

序号	工作任务	工作措施	责任部门（单位）	备注
18		围绕"在优良传统上我们丢掉了什么，对比先进典型我们缺少什么"主题，开展专题讨论。	各单位	
19	强化问题整改	坚持领导班子带头，以上率下，组织干部员工联系思想实际、工作实际和单位实际开展研讨交流，对照检查，审视反思。	各单位	
20		落实整改任务，明确责任部门、责任领导，整改措施和整改时限。	各单位	
21		细化工作措施，强化跟踪督导，汇总整改进展情况，推动干部员工把好传统、好作风落实到岗位上、工作中。	各单位	
22		组织干部员工学习以王进喜为代表的老一辈石油人的先进事迹。	各单位	
23		结合第二批主题教育，举办先进典型事迹巡回报告会。	局党委宣传部、各单位	
24	注重典型引领	组织干部员工特别是科技人员深入学习闵恩泽、陈俊武先进事迹。	局党委宣传部、局党委组织部、各单位	
25		组织开展劳动模范、两优一先、感动油田人物、十大杰出青年等评选工作。	局工会、局党委组织部、局党委宣传部、局团委	
26		评选推荐"最美倒班工人"先进典型。	局党委宣传部、各单位	
27		总结提炼先进典型身上所体现的石油精神和石化传统特质，采取组织颁奖典礼、开展巡回宣讲、讲好先进典型故事等形式，宣传各类典型先进事迹。	局党委宣传部	
28		强化警示教育，消除错误的发展观和政绩观，树立鲜明的主流价值导向。	各单位	
29	丰富中原文化	总结凝练、挖掘诠释符合新时代、新发展要求的企业文化核心理念。	局党委宣传部	

续表

序号	工作任务	工作措施	责任部门（单位）	备注
30		开展传承石油精神、弘扬石化传统专题调研，发掘梳理干部员工适应新形势、应对新变化形成的新经验、新做法，总结提炼专项文化格言。	局党委宣传部	
31	丰富中原文化	统筹策划安全绿色健康、质量诚信、廉洁、法制等专项文化建设。	安全环保处、局纪委、法律事务处	
32		加强单位、队站文化阵地建设。	局党委宣传部、各单位	
33		采取歌咏、展览、故事会等方式，通过明德讲堂、经典诵读、广场文化，公众开放日等形式和载体，展示石油石化人艰苦创业、奉献备进的精神。	局党委宣传部、局工会、文化体育活动管理中心	
34		把传承石油精神、弘扬石化统作为常态化工作，列入党委议事日程，纳入党建工作责任制，建立工作机制。	局党委办公室	
35	建立长效机制	探索形成"入厂有教育、培训有内容、身边有榜样、年度有考核"的常态化培育践行机制，加大评选表彰激励力度。	局党委宣传部、局党委组织部、人力资源处	
36		纳入党建工作考核，以考核促进落实。	局党委办公室、局党委宣传部	

抄送：油田副总师以上领导，局党委委员，机关处（部）室，事业单位。

中原石油勘探局有限公司党委办公室　　2019年12月5日印发

附录三

关于深化"传承石油精神、弘扬石化传统"教育的通知
（中原油工单〔2020〕11号）

油田所属各单位党委：

为持续深入学习贯彻习近平总书记关于大力弘扬石油精神的重要指示批示，根据集团公司党组《关于深化"传承石油精神、弘扬石化传统"教育的通知》（党组工单〔2020〕8号）要求，深入开展"传承石油精神、弘扬石化传统"教育，以教育成果推动油田全面可持续高质量发展。现就有关事项通知如下。

一、目标任务

深入贯彻落实习近平总书记关于大力弘扬石油精神的指示批示精神，认真学习贯彻党的十九届五中全会精神，持续深化"传承石油精神、弘扬石化传统"教育，引导广大干部员工深刻把握石油精神和石化传统的时代内涵，大力增强传承石油精神、弘扬石化传统的自觉性和坚定性，涵养家国情怀，砥砺奋斗精神，立足本职岗位，奋力攻坚创效，凝聚起夺取疫情防控和生产经营"双战双胜"、打造千万吨级一流油气公司的强大精神力量。

二、重点措施

1.强化思想教育，不断增强行动自觉。认真学习习近平总书记关于石油精神的重要指示批示精神，学习集团公司、油田相关要求部署和《大力传承石油精神、弘扬石化传统教育提纲》等重要内容，深刻把握石油精神、石化传统的形成背景和丰富内涵。11月30日前，各单位采取党委中心组、员工理论学习、"三会一课"、员工培训班、主题党日活动等形式，组织

干部员工学习石油精神石化传统，接受思想洗礼、提升思想境界。结合攻坚创效、深化改革、企业党建等具体工作，持续开展"传承石油精神、弘扬石化传统"的学习宣讲，将大庆精神、铁人精神、"三老四严"、"四个一样"优良作风融入广大干部员工血液，转化为员工日用而不觉的行为习惯。

2. 强化主题实践，推动教育见行见效。组织开展观看一次报告会录像、参与一次知识答题、开展一次现场教育、举办一次座谈会、撰写一篇心得体会等"五个一"主题实践活动，引导干部员工保持永远奋斗的进取精神。观看一次报告会录像，即组织全体员工认真观看"石油魂——大庆精神铁人精神"宣讲报告会录像，缅怀老一辈石油石化人的艰苦创业历程。参与一次知识答题，即组织全体员工参加集团公司"传承石油精神、弘扬石化传统"学习教育答题，做好石油精神、石化传统知识大学习、大普及，推动石油精神、石化传统根植干部员工血脉。开展一次现场教育，即适时组织干部员工就近参观爱国主义教育基地、孙健初故居、中原油田发现井、普光气田科技展览馆等，接受革命传统教育和爱国爱企教育。举办一次座谈会，即11月30日前，各级党组织邀请老领导、老专家、老劳模等讲述油田艰苦创业的发展历程，教育引导干部员工牢记石油精神、弘扬石化传统。写一篇心得体会，即组织党员干部把参与教育实践所想所悟所得，撰写形成一篇心得体会，不断激发践行石油精神、石化传统的主动性。

3. 强化舆论引导，营造浓厚教育氛围。新闻媒体要开设专题专栏，报道油田学习教育工作动态和成效，选编刊发党员干部、员工群众谈石油精神、石化传统的学习体会，营造浓厚学习氛围。各单位要转载下发集团公司"传承石油精神、弘扬石化传统"学习教育"明白纸"，通过电子屏、宣传栏、展板等方式，宣传石油精神、石化传统相关宣传标语、宣传片，帮助干部员工深入学习了解石油精神、石化传统内涵。强化新媒体应用，借助微信、微博、直播 APP 等新媒体平台，创新传播方式，丰富传统教育内容，彰显油田传承红色基因、扛稳国企责任的良好形象。

4. 强化典型示范，着力形成良好风气。深入学习宣传王进喜、闵恩泽和陈俊武同志的先进事迹，深刻感悟老一辈石油人顽强的意志、高昂的斗志、高尚的品质。深度发掘本单位持续攻坚创效、夺取疫情防控和生产经营"双战双胜"中做出突出贡献的先进典型，结合"最美奋斗者""感动油田"人物、劳模工匠等先进评选，把石油精神和石化传统具体化、形象化。总结提炼先进典型所体现的石油精神和石化传统特质，多渠道、多角度讲好先进典型故事，用身边先进典型影响人、带动人。强化警示教育，引导干部员工树立正确的发展观、政绩观等主流价值导向，推动石油精神、石化传统入脑入心、见行见效。

5. 强化问题整改，促进教育走深走实。坚持问题导向，开展"传承石油精神、弘扬石化传统"专题讨论，围绕"在优良传统上我们丢掉了什么、对比先进典型我们缺少什么"主题，坚持领导班子带头、以上率下，组织干部员工联系思想实际、工作实际和单位实际开展研讨交流，对照检查、审视反思，切实把思想上作风上的问题找准找实，提振干事创业和攻坚克难的精气神，形成传承石油精神、弘扬石化传统的良好风气。明确整改任务，对照"传承石油精神、弘扬石化传统"教育专题讨论查摆出的问题，明确责任领导、责任部门、整改措施和整改时限，确保问题整改到位，推动干部员工把好传统、好作风落实到岗位上、工作中，提升传承石油精神、弘扬石化传统教育效果。

6. 强化机制建立，确保教育落到实处。把"传承石油精神、弘扬石化传统"作为常态化工作，列入党委议事日程，纳入党建工作责任制，建立党委统一领导、党政齐抓共管、宣传部门牵头组织、部门（单位）密切配合、全员积极参与的工作机制。以集团公司新版企业文化建设纲要出台为契机，持续强化干部员工的优良传统教育和公司核心价值理念教育，探索形成"招聘有测试、入厂有教育、节点有仪式、培训有内容、身边有榜样、年度有考核"的常态化培育践行机制，推动石油精神、石化传统在油田落地生根。

三、有关要求

1. 加强组织领导。各级党组织要提高政治站位，落实主体责任，把传承石油精神、弘扬石化传统作为推进党的思想建设的重要切入点和着力点，常态化开展主题教育，推动石油精神、石化传统成为干部员工"风向标""指南针"，凝聚起"爱我中华、振兴石化""为美好生活加油"的强大正能量。

2. 密切联系实际。紧密联系油田改革发展和干部员工队伍建设实际，结合学习宣传贯彻十九届五中全会精神，围绕油田谋划"十四五"发展规划、"对标世界一流管理提升行动""持续攻坚创效行动"等重点工作，通过喜闻乐见的活动引导干部员工回忆奋斗征程、追寻榜样足迹、汲取奋进力量，用教育成果推动油田改革发展和生产经营各项工作。

3. 注重分类施策。坚持区分层次、分类施策，不搞上下一般粗，保证教育实效。发挥党员干部"关键少数"作用，重在解决带头落实新发展理念、带头攻坚克难、带头践行优良传统作风等方面的问题。面向全体员工开展教育，重在解决思想认识、情感认同和岗位践行等方面的问题。

4. 强化督导考核。采取巡回指导、重点调研、座谈交流等多种形式，对开展情况和实际效果进行督促指导，适时通报情况、交流经验做法。油田把开展教育情况纳入党建工作考核，增加考核权重，形成有落实、有检查、有奖惩的考核评价机制，以严格考核推动"传承石油精神、弘扬石化传统"教育持续深入开展。

各单位开展"传承石油精神、弘扬石化传统"教育情况及时报送党委宣传部。

中共中原石油勘探局有限公司委员会
2020 年 11 月 4 日

铁人王进喜虽已与世长辞，但他并未走远，他拼搏奉献一生铸就的铁人精神已经融入中华民族伟大复兴的红色精神谱系，铁人精神成为中华民族伟大精神的重要组成部分，是一代代中国石油人共同的精神财富。当我们受命承担研究铁人精神这一重大课题时，每个人都强烈地感受到了这一特殊使命的无上荣光与异常艰巨。

在本书创作过程中，我们一年中九次深入石油工业的圣地——大庆油田，走进铁人王进喜纪念馆学习、采风，在铁人王进喜生前战斗过的钢铁1205钻井队的井场上追忆当年的峥嵘岁月，还采访了与铁人王进喜一起工作过的老石油前辈及他的一代代传人……当我们迎着钢铁1205钻井队巍巍耸立的钻塔，面对鲜红的党旗宣誓，那些滚烫的铮铮誓言在新时代的天地间久久回响："我们一定要用铁人精神写好铁人，用铁人精神研究、歌颂铁人，让铁人精神代代传、处处传、永远传，激励我们为中华民族的伟大复兴而努力奋斗！"于是，我们在本书研究、编纂过程中学铁人、做铁人，牺牲了节假日的休息时间，甚至春节小长假也是在伏案工作中度过的。在编纂过程中，我们认真参阅了《中国工业史·石油工业卷》《余秋里回忆录》《石油精神读本》《铁人传》《铁人王进喜》《大庆石油会战》《不卷刃的尖刀》《共产党人王进喜》《中原油田简史》等书籍，以及影视片《创业》《奠基者》等相关的大量文史资料。中华全国总工会副主席高凤林，第十四届全国政协委员、中国能源化学地质工会主席蔡毅德欣然为本书作序。参加本书编纂工作的有周洪成、李鹏、周江平、霍良振、宋海、曲晓论、杨荣才、耿庆昌、罗刚、刘贤彬、曹柠、任远建、王昆、王洪波、张鹏程、江涛、高潮洪、王晖、李旭军、马剑光、侯养兵、刘茂诚、孟庆龄、毛怀军、宋涛、宋春刚、程庆昭、陈庆、薛学通、闫海生、张音喆、陈维松、李懂章、白栋、牛栓文、韩辉、聂晓炜、杨勇、刘东昌、宋新辉、张飞虎、肖向东、王宜光、常夏玮、米顺林、刘胜华、武超伟、朱荫涛、刘明亮、李修伟、谭运成、牛汝东、万慧清、张建伟、冯斌、李勇、段鸿杰、张志强、魏海泉、杨晓敏、陈玉豪、肖军、冀延民、向勇、王胜、林国、陈辉、张连声、李景营、张洪伟、冯麒、王聪、侯琳、宋占魁、兰峰、谈晓辉、李祖勤、王锡耘、刘公俊、孟光建、卢小娟、田波、孙喜新、丁东龙、王保生、余满和、陈晶、宋明水、邱发森、王永刚、管京伟、王海琳、张玉、刘子军、马珍福、傅延英、王雪梅、朱相兴、于强、李星灼、房伟、宋红妮、胡利平、张冬平、易善志、张锋、巩天兵、杨国栋、巩梦瑶、胡渤、盖利波、舒晓辉、王东营、杜力子、夏秀娟、李鹏、周怿、赵婉琪、周伟强、邹彬彬、周立波、于惠波、苏立岭、于峰、徐清奎、祁传良、西传松、薄其军、杨翠华、赵晓辉、于海、黄子军、张衍军、陈桂宏、李康、孙朝华、高波、王黎明、吕薇、张保贵、李宝峰、栾滨、宋健、韩非子、刘佳、邵伟、尹刚、张滨、朱鹏、王斌、王明磊、王胜利等，正是这些编纂人员数年如一日，倾注大量心血，刻苦编纂，几易其稿，确保了"新时代铁人精神丛书"高质量出版。

在这里，衷心感谢中原油田党委常务副书记孙喜新等油田领导的关心支持，以及党委宣传部、综合管理部、党委组织部、文卫采油厂、物探研究院、地面工程抢维修中心、采油气工程服务中心、应急救援中心、机关服务中心等部门和单位领导的大力协助。

感谢中国石化出版社周志明书记、毛增余总经理、黄志华副总经理等对本书编辑出版工作作出的辛勤努力。同时，对本书中所引用图片的作者表示衷心的感谢。

在铁人王进喜诞辰一百周年之际，谨以此作献给铁人王进喜与他的传人，献给勇扛旗帜、踔厉奋发的新时代百万石油铁军！

本书在编纂过程中得到中国能源化学地质工会、中国石油和化学工业联合会、中国石油企业协会的大力支持，大庆油田及铁人学院领导多次参加本书审稿会，为本书编纂工作提供了大量的珍贵历史资料，在此表示衷心感谢！在本书出版发行之际，诚恳欢迎广大读者指正，并提出好的意见，以便我们在适当时机再版时能够订正、充实与完善。

编　者
2024 年 6 月于北京